물리학의 ABC

광학에서부터 특수상대론까지

후쿠시마 하지메 지음
손영수 옮김

전파과학사

머리말

물리학의 매력은 무엇보다도 미지의 자연을 탐구해 나갈 때의 스릴과 흥분에 있다. 이것은 남극이나 우주로의 탐험과도 같다. 이 책에서는 물리학의 방법을 사용하여 자연을 탐구해 나가는 즐거움을 소중히 다루었다. 독자 여러분이 물리 탐구가가 되어 주셨으면 하고 생각한다. 물리의 탐구에는 돈도 대규모의 장비도 필요하지 않다. 필요한 것은 스스로 생각한다는 마음가짐이다.

우주 등의 탐험에서는 자칫 잘못하면 생명의 위험과 연결된다. 그러나 물리의 탐구에는 오류를 범한다고 한들 아무 걱정이 없다. 오히려 틀리는 일이야말로 중요하다. 물리학이 발전해 온 역사는 오류의 역사라고도 말한다. 오류를 두려워하지 말고 오히려 즐기는 것, 이것이 물리탐험가가 지녀야 할 두 번째 마음가짐이다.

이 책은 여러분의 탐험을 위한 가이드가 될 것이다. 전체를 통하여 물리학의 주요 분야를 대충 이해할 수 있도록 구상했다. 안내자로서의 구실을 하는데 있어서 유의한 점은 다음과 같은 말이다.

「나는 아무리 어려운 이론이라도 그것이 『물리학』에 관한 것인 한, 전문가가 아닌 사람에게 도무지 설명할 수 없을 만큼 어려운 것이 있다고는 믿지 않는다. 만약 있다고 한다면 그것은 적어도 물리학이 아니라는 생각이 든다」(데라다 도리히코(寺田寅彦) 수필집 제2권 『상대성원리의 측면관』)

전문가가 아닌 사람에게 설명할 수 없는 것은 물리학이라고 말할 수 없다는 이 말은, 물리학을 전문으로 하는 사람에게는 매우 준엄한 말이다.

이 입문서는 전문가에게도, 전문가가 아닌 사람에게도 무엇인가 얻는 것이 있도록 다음과 같은 구상으로 썼다.

1. 읽어보면 어쩐지 다 안 것 같은 기분이 들지만, 잘 생각해 보면 역시 모르겠구나 하는 따위의 책으로는 만들고 싶지 않다. 물리의 사고방식을 정말로 파악할 수 있게 하고 싶다.
2. 가설을 세우고, 토론을 하고 실험으로 확인하는 물리학의 방법이 자연스럽게 이해될 수 있도록 연구한다.
3. 물리학의 각 분야에서 가장 중심이 되는 것(예컨대 전자기에서는 「장」의 사고방식)에 초점을 맞추어 자세하게 설명한다.
4. 전문용어는 등장하는 그 자리에서 반드시 설명한다. 또 자질구레한 지식이나 어려운 말은 되도록 적게 한다.
5. 인간이 자연을 이해하기 위해 고전해 온 과학의 역사 가운데는 물리학을 이해하기 위한 열쇠가 많이 숨겨져 있다. 그것을 되도록 살리도록 한다(그러기 위해 과학사를 재구성한다).

물론 위와 같은 이상이 제대로 잘 실현되었는지는 독자 여러분의 판단에 맡길 수밖에 없다. 많은 의견과 비판을 기대하는 바이다.

이 책은 많은 분들의 협력으로 이루어졌다. 특히 하라시마(原島鮮. 전 도쿄여자대학장) 선생을 비롯한 여러분에게 감사드린다.

또 필자의 직장 동료로부터 평소부터 솔직한 의견을 많이 받

아왔다. 전문분야를 초월하여 자유로운 토론을 하는 필자의 직
장 분위기는 매우 귀중한 것이라고 생각한다. 무엇보다도 필자
의 설명에서 장단점을 신선한 눈으로 항상 지적해 주었던 학
생, 졸업생 여러분에게 감사드린다.

후쿠시마 하지메

차례

1장

빛의 정체를 추적

자벌레는 파동일까?

자벌레가 기어가는 모습은 매우 우스꽝스럽다. 한편 뱀의 운동은 왠지 으스스한 느낌이 들지만, 몸을 꿈틀거리며 전진하는 방법은 자벌레와 같다. 그런데 자벌레와 뱀이 기어가는 방법은 수파의 진행 방법과 같은 것일까?

여기서 먼저 개구리가 연못에 뛰어드는 장면을 생각해 보자. 개구리가 잔잔한 연못으로 뛰어들면, 원형의 아름다운 파문이 수면으로 퍼져간다. 연못에 떠 있는 나뭇잎이 보일까 말까하게 흔들릴 것이다. 그러나 나뭇잎은 제자리에서 흔들리고 있을 뿐 결코 파동과 함께 이동하지는 않는다. 여기에서 파동의 특징을 볼 수 있다. 파동의 형태는 이동해 가지만 파동을 전달하는 물질(매질)은 결코 이동하지 않는다. 이것에 대해 던져진 공과 같은 "입자"는 물론 자기 자신이 이동해 간다.

이와 같이 파동과 입자의 운동 상태는 전혀 다르다. 누군가는 「해안의 파도를 보고 있노라면 확실히 기슭으로 밀려오고 있지 않느냐」하고 반론을 제기할지 모르겠다. 그러나 곰곰이 생각해 보면 해안의 파도는 바닷물의 상층에서는 밀려오고 있지만, 아래층에서는 밀려 나가고 있다. 바다의 파도는 먼 바다에서는 물이 원형으로 진동하고 있는 파동이지만, 해안 가까이의 얕은 곳에서는 이 원이 짜부라져 버린다. 그렇다면 뱀이나 자벌레의 운동은 어떠할까? 신체 자체가 이동해 가는 것이므로 파동이 아니라는 것을 알 수 있다.

파동과 입자. 이 둘은 전혀 다른 운동을 한다는 것을 확인한 다음에 빛의 정체에 관한 문제로 들어가기로 하자.

〈그림 1-1〉 파동은 진행하지만 나뭇잎은 제자리에서 진동한다

빛은 왜 구부러지는가?

레이저광선은 보고 있는 사람에게 싫증을 일으키지 않는다. 어두운 방 속에 레이저광선을 달리게 한다. 레이저광선은 확산하지 않고 직진하여 벽에 작은 점이 되어서 나타난다. 도중의 광선은 보통은 보이지 않는다. 공기 속에 미세한 먼지나 연기 등이 있으면 예리한 광선이 보인다.

어느 날, 필자의 실험실에 친구 두 사람이 찾아 왔다. 두 사람에게 레이저를 보여 주었다. 수면에 레이저광선을 부딪치면 굴절 상태를 한 눈에 알 수 있다. 친구 한 사람이 이것을 보고 문득 다음과 같은 의문을 던졌다.

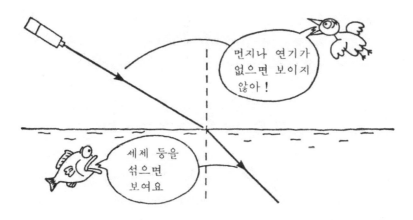

〈그림 1-2〉 빛은 왜 수면에서 굴절하는가?

「왜 빛은 수면에서 굴절할까?」

「왜라니, 구부러지는 것이니까 어쩔 수가 없잖아」

「아니, 그러니까 자넨 물리가 형편없었지」

「허. 자넨들 그리 신통하진 못했을 텐데……. 그럼 자네는 어떻게 설명할 거야?」

「음. 갑자기 대답하려니까 난처하지만……. 물체가 휘어지는 것은 힘이 작용했을 때이니까, 빛의 입자에 하향으로 힘이 작용하는 것이 아닐까?」

「그러고 보니 자네는 빛을 입자라고 생각하고 있군. 어디선가 읽은 적이 있는데, 빛은 파동이라고 쓰여 있었어!」

「책에 써있다고 해서 그대로 믿는 건 권위주위야」

아무래도 두 사람은 입자파와 파동파인 것 같다. 어느 쪽이 옳은지는 논의만 하고 있어서는 알 수가 없다. 그러나 「빛은

〈그림 1-3〉 파동은 산의 선을 따라 수직으로 진행한다

왜 수면에서 굴절하느냐」고 의문을 갖는 것은 물리학의 출발점
이다. 그런데 왜 굴절하는 것일까?

예로부터 빛의 정체에 관해서는 아주 작은 입자라고 하는 입
자설과 공간을 전파하는 어떤 파동이라고 하는 **파동설**이 있다.
독자 여러분은 어느 설을 채택할까? 「아니, 어느 쪽도 아니다.
다른 설을 취하겠다」고 말하는 사람도 있을 것이다. 어느 설을
채택해도 상관없다. 하나만 자신의 설을 결정하라.

현재로서는 이들 설은 단순한 가설에 지나지 않는다. 어느
설이 옳은지, 또 그것은 어떻게 결정되는 것일까? 앞으로 여러
가지 빛의 현상을 들어 조사해 나가기로 하자.

직진하는 빛

레이저광선 뿐 아니라 빛은 모두 직진한다. 공기나 유리 속

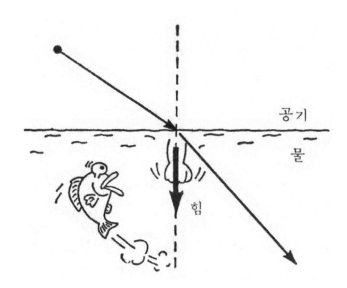

〈그림 1-4〉 빛은 수면에서 하향으로 힘을 받아 굴절한다(입자설)

에서도 빛은 **직진한다**. 빛의 입자설도, 파동설도 이 빛의 직진
을 설명해 줄 필요가 있다.

우선 입자설은 어떤가? 이것은 간단하다. 공과 같은 입자는
다른 것으로부터 힘을 받지 않으면 직진한다. 이것은 관성의 법
칙(2장)으로 알 수 있다. 「하지만, 중력의 영향으로 구부러지지
않는 것이냐?」 하는 질문을 받게 되면 「빛의 입자는 지극히 작
고 가볍다고 생각하면 문제가 없다」고 대답할 수 있을 것이다.

그렇다면 파동설에서는 직진을 어떻게 설명할까? 수면의 파
동을 생각해 보자. 해안으로 밀려오는 파도는 해안선과 직각인
방향으로 곧장 진행해 온다. 물론 엄밀하게 조사하고 싶다면,
수조에 물을 담아 판자로 평행한 파동을 일으켜 보면 된다.

수파는 확실히 직진하고 있는 것을 알 수 있다. 직진성이라

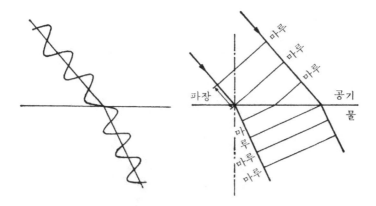

〈그림 1-5〉 물속에서는 파장이 짧아지기 때문에 굴절한다(파동설)

는 것은 파동의 기본적인 성질이므로, 빛의 파동도 직진하는 것은 당연한 일이라고 생각할 수 있다.

이렇게 하여 두 설이 모두 빛의 직진을 설명할 수 있음을 알게 된다. 여기서는 어느 설이 옳다고 우열을 결정하기 힘들다.

굴절하는 빛

그러면 다음에는 최초에 화제로 올랐던 굴절에 관해 생각해 보자.

입자설은 굴절을 어떻게 설명할까? 입자가 구부러지는 것은 힘을 받았을 때다. 빛의 입자가 수면에서 아래 방향으로 힘을 받는다고 생각하면 된다.

「잠깐만! 어째서 아래 방향으로 힘이 작용하는가?」

이 질문에는 어떻게 대답해야 할까? 좀 어렵기는 하지 다음과 같이 대답할 수 있을 것이다.

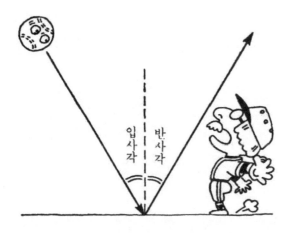

〈그림 1-6〉 공이 마룻바닥과 탄성출동을 하면 입사각
=반사각이 된다(입자설)

「그건 경계면 근처에서는 공기분자가 빛의 입자를 끌어당기는 힘
보다, 물의 분자가 빛의 입자를 끌어당기는 힘이 크기 때문이라고
생각해」

「하지만 그게 정말일까. 단순한 가정에 지나지 않을까?」

「하기야 확실히 가정이긴 하지만……. 일단은 이것으로 설명이
된 거라고 생각해」

그렇다면 파동설 쪽은 어떨까? 파동의 굴절상태를 〈그림 1-5〉
에 그려보자. 그러면 공기로부터 물로 들어가는 곳에서, 파동의
산과 산의 간격(파장)이 짧아져 있는 것을 알 수 있다. 파장이
짧아진다는 것은 공기로부터 물속으로 들어갈 때, 빛의 속도가
느려지는 것이라고 생각하면 된다.

「과연. 그것으로 확실히 굴절한다는 것은 알 수 있지만, 왜 빛은

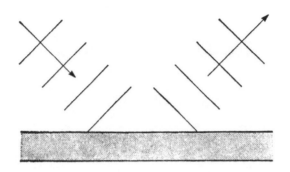

〈그림 1-7〉 수면파의 반사

물속에서 느려지는 거지?」

이번에는 입자설 쪽에서 반론이 나올 것 같다.

「음. 이것도 가정이라고 할 수밖에 없겠는데」

이래서 두 설이 모두 하나씩 가정을 덧붙이는 것으로 굴절을 설명할 수 있다는 것을 알았다. 여기서는 우열을 가리기는 어려울 것처럼 보이는데 어떨까?

반사하는 빛

다음은 반사에 관해서다. 빛이 거울에서 반사할 때 입사각과 반사각은 같아진다. 이 반사의 법칙을 어떻게 설명할 것인가?

입자설에서는 이 경우도 간단하다. 탄성(彈性)이 완전한 공이 딱딱한 마루에 닿았다가 다시 튕겨 올 때는 입사각=반사각으로 된다. 이것을 탄성충돌이라고 하는데, 빛의 입자가 거울면에서 탄성충돌을 하는 것이라고 생각하면 된다.

그러면 파동설에서는 어떤가? 이것도 수파로 조사해 보자.

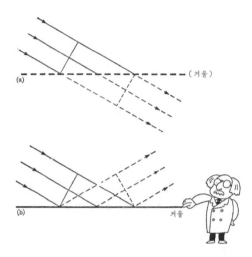

〈그림 1-8〉 (a)거울이 없으면 빛은 점선처럼 진행한다
(b)점선을 반전시키면 반사파가 얻어진다

수조를 사용하여 평행의 수파를 비스듬히 수조 벽에 부딪혀 준다. 수파는 같이 반사한다. 확실히 입사각과 반사각이 같아진 것 같다. 이것을 정확하게 설명하면 어떻게 될까? 우선 거울이 없는 경우의 광파의 진행방법을 그리면 〈그림 1-8〉의 점선과 같이 된다. 거울이 있으면 이 파동이 반사하는 것이므로, 거울면을 중심으로 이 점선의 파동을 위로 뒤집어 준다. 이것이 반사파다. 이렇게 하면 입사각과 반사각이 같다는 것도 한 눈으로 알 수 있다.

결국 빛의 지진, 굴절, 반사 모두 어느 쪽의 설로도 설명할 수 있다는 것을 알았다. 양쪽이 모두 옳다는 따위의 일이 있을 수 있는 것일까?

입자파와 파동파의 토론을 좀 더 지켜보자.

입자파: 파동설의 사고방법은 좀 복잡해. 입자설이 훨씬 명쾌하고
　　　　좋군.

파동파: 그럼 물어보겠는데, 두 가닥의 광선이 교차했을 때, 그대
　　　　로 스쳐가지 않니. 파동이라는 건 스쳐가는 거야. 이를테
　　　　면 음파는 이렇게 서로 얘기를 하고 있어도 스쳐가고 있
　　　　잖아. 입자라면 부딪혀서 튕겨질 거야.

입자파: 그건 빛의 입자가 매우 작기 때문에 거의 튕겨지지 않는
　　　　거야. 게다가 음파와 빛은 전혀 다른 거야. 음파는 공기
　　　　속을 전파하지만 진공 속은 전파하지 않아. 파동이라는
　　　　건 반드시 어떤 물질 속을 전해 가는 거야. 공기라든가
　　　　물이 필요해. 빛이 진공 속을 전해 갈 때 도대체 어떤 것
　　　　의 속을 전해가는 거니? 진공 속에는 아무것도 없잖아?
　　　　빛이 입자라면 진공 속에서도 얼마든지 진행할 수 있어.

파동파: 그건 잘 모르겠지만……. 어쩌면 아직 발견되지 않은 굉장
　　　　히 옅은 물질이 진공 속에 있는지도 모르지.

입자파: 그런 있는지 없는지도 모를 물질을 가정하다니 말도 안 돼.

토론은 끝없이 계속될 것 같다. 좀 더 자세히 조사해 볼 필
요가 있다.

스며드는 빛

「소리는 들려도 모습은 보이지 않는다」는 말 속에 빛의 파동
설의 중대한 약점이 숨겨져 있다. 담장 바깥에서 「여어!」 하고
부르면, 모습은 보이지 않아도 안에 있는 사람에게 소리는 들
린다. 즉 음파는 물체의 뒤로 돌아들 수도 있다. 이 현상을 회
절이라고 부른다. 이것은 음파뿐 아니라 모든 파동에서 볼 수

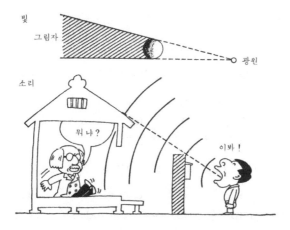

〈그림 1-9〉 회절. 음파는 장애물의 뒤로 돌아들지만,
빛은 뚜렷한 그림자를 만든다

있는 성질이다. 이를테면 수파를 두 장의 판자로 차단하여 가느다란 틈새로만 통과할 수 있게 한다. 그러면 틈새를 통과한 파동은 아름다운 반원형이 되어 퍼져간다. 한편 입자라면 어떻게 될까? 입자의 흐름을 판자로 가로막고 가느다란 틈새를 통과시켜도, 입자는 가느다란 빔이 되어 통과할 뿐 퍼져나가는 일은 없다. 물체 뒤로 스며드는 회절이라는 현상은 파동에 특유한 것이다.

그런데 빛은 물체 뒤에 뚜렷한 그림자를 만든다. 이것은 빛이 회절하지 않는다는 것을 가리키는 것이 아닐까. 빛이 회절하지 않는다고 하면, 이것은 빛의 파동설에 결정적으로 불리한 증거가 된다. 이것으로 결판이 나버리는 것일까?

좀 더 깊이 생각해 보자. 파동설의 입장을 취한다면 아무래도 빛이 회절하는 것을 제시하지 않으면 안 된다. 다시 한 번

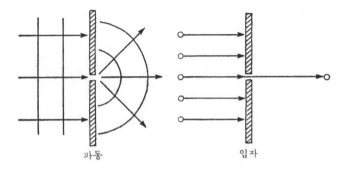

파동   입자

〈그림 1-10〉 파동은 회절하지만 입자는 회절하지 않는다

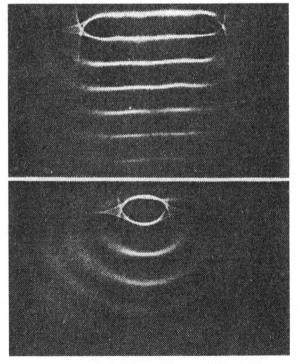

〈그림 1-11〉 회절은 틈새가 좁을수록 크게 나타난다

22

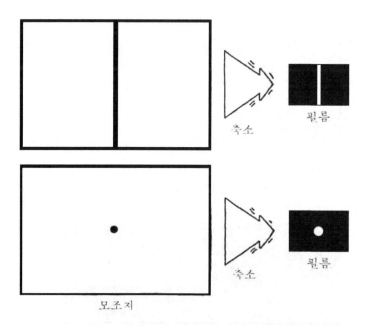

〈그림 1-12〉 모조지를 필름에 찍으면 가느다란 틈새가 만들어진다

수파의 회절을 조사해 보자. 이번에는 판자와 판자의 틈새 크기를 바꾸어 본다. 틈새가 넓을 때와 좁을 때에 따라서 회절상태는 어떻게 바뀔까? 실제로 틈새가 넓은 경우에는 회절이 그다지 일어나지 않는다(그림 1-11). 회절은 틈새가 좁을수록 크게 나타난다는 것을 알 수 있다.

빛의 경우도 마찬가지가 아닐까? 특히 빛의 파장이 수파에 비해서 매우 짧은 것이라면, 웬만큼 좁은 틈새를 만들지 않으면 빛의 회절이 보이지 않는 것이 아닐까?

그렇다면 좁은 틈새를 만들려면 어떻게 하면 될까? 여러분은 컴퓨터 등에 쓰이는 LSI(대규모집적회로)가 어떻게 만들어지는지를 알고 있는가? LSI는 수 밀리미터의 작은 칩 속에 수만 개

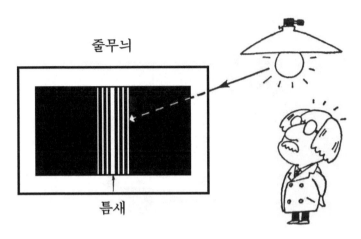

줄무늬

틈새

〈그림 1-13〉 전등 빛이 회절하여 줄무늬가 보인다

이상의 트랜지스터의 소자가 빽빽하게 채워져 있다. 이 LSI는 먼저 큰 도면으로 설계하고, 그것을 사진으로 찍어서 필름으로 축소한 뒤 그것을 바탕으로 만들어 진다.

이 방법은 작은 것을 만들 때의 상투적인 방법이다. 이 방법은 우리도 이용할 수 있다. 모조지에 매직으로 검은 선을 한 가닥 그려서 그것을 사진으로 찍는다. 필름은 흑백이 반대로 되므로 이것으로 가느다란 틈새를 누구라도 간단히 만들 수가 있다. 그리고 또 작은 둥근 구멍(pin hole)도 하나 만들어 두자.

이것으로 빛이 회절하는지를 조사할 준비가 갖춰졌다. 먼저 전등 빛을 관찰하기로 하자. 전등을 보면 틈새의 양쪽에 희미한 줄무늬가 몇 가닥 보인다. 빛이 회절하고 있는 듯하다. 좀 더 뚜렷이 관찰하려면 레이저를 사용하면 좋다. 레이저 광선을 필름의 틈새로 통과시켜 흰 벽에 향하게 한다.

그러면 틈새의 양쪽에는 2~3개의 밝은 점이 나타난다. 둥근

〈그림 1-14〉 (a)가느다란 틈새에 의한 레이저광선의 회절과
(b)핀 홀에 의한 레이저광선의 회절

구멍으로 실험해 보자. 이번에는 중심의 점 주위에 원형의 밝은 줄무늬가 나타난다. 이것은 무척 아름답다.

이렇게 하여 빛도 회절하는 것이 밝혀지면 이번에는 반대로 입자설이 곤경에 몰린다. 회절하지 않는다는 것이 입자의 특징이었기 때문이다. 그러나 사실은 입자설에서 회절을 설명하는 것도 불가능하지는 않다. 입자라고 하는 것은 힘을 받으면 구부러진다. 다음과 같이 생각해 보자. 빛의 입자는 검은 부분 가까이를 통과할 때, 반발력을 받아서 휘어진다고 하자. 장애물 가까이를 통과하는 입자일수록 강하게 반발되어 크게 휘어지는 것이라고 생각하면, 입자의 궤도는 〈그림 1-15〉처럼 될 것이다. 이리하여 입자설도 회절을 설명할 수 있게 되어 곤경을 빠져 나왔다.

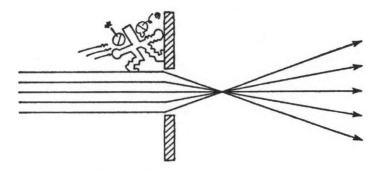

〈그림 1-15〉 빛은 장애물로부터의 반발력으로 회절한다(입자설)

간섭무늬의 비밀

비눗방울에는 불가사의한 매력이 있다. 누구라도 어렸을 적에 비눗방울 놀이에 열중했던 기억이 있을 것이다. 차례차례로 부풀었다가 사라져가는 엷은 막의 표면에는 아름다운 색깔의 줄무늬가 나타나고, 그 줄무늬가 제멋대로 움직이며 머물 줄을 모른다.

이 줄무늬를 움직이지 않게 하여 좀 더 자세히 관찰할 수는 없을까? 공기의 미묘한 흐름이라든가 빨대로부터의 진동으로 줄무늬가 움직이는 것이기 때문에, 문을 꼭꼭 닫은 조용한 방 안에서 비눗방울을 가만히 책상에 붙여 보면 된다. 어떻게 될까?

색깔이 든 줄무늬는 비눗방울의 꼭대기를 중심으로 한 아름다운 동심원이 된다. 그 원이 조금씩 아래로 떨어져 가고, 새로운 원형 줄무늬가 차례로 위에서부터 나타난다. 아래로 떨어져 내리는 것은 중력 때문이다. 한참동안 관찰하고 있노라면 막이 엷어지고 비눗방울이 팍 사라져 버린다.

그러면 이 줄무늬는 왜 생길까? 줄무늬의 정체를 분명히 하기 위해서 연구가 좀 더 필요하다. 태양이나 백열전등에서 오

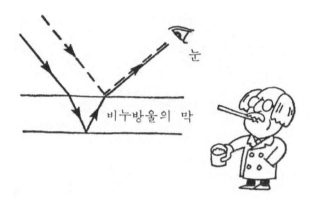

〈그림 1-16〉 막의 상하에서 반사한 광선 2개의 중첩이
간섭의 원인이지만……

는 우리 주위의 빛은 백색광이라 하여 일곱 가지 색깔이 혼합
되어 있다. 이 때문에 줄무늬가 채색되는데, 그 상태는 정확하
게 알지 못한다. 그래서 나트륨램프라고 하는 오렌지 색깔의
빛밖에 내지 않는 조명을 사용한다. 이것은 터널 속에서 흔히
볼 수 있는 오렌지색의 조명과 같은 것이다. 바깥의 빛을 차단
하고 방을 어둡게 하여 나트륨램프를 켠다.

비눗방울을 보면 줄무늬의 일곱 색깔은 보이지 않게 되고 검
은 색과 오렌지색의 원형무늬가 번갈아 배열되어 보인다. 이때
잠깐 주위를 살펴보면 모든 물체의 색깔이 없어지고 검은 색과
오렌지만의 으스스한 단색의 세계가 나타난다.

이것으로 줄무늬의 정체는 명암의 규칙적인 반복임이 분명해
졌다. 그러면 어째서 명암의 줄무늬가 번갈아 생기는 것일까?

이와 같은 줄무늬는 간섭무늬라고 불리는데 비눗방울 외에도
비가 오는 날 웅덩이에 뜬 엷은 기름막에도 생겨 있다. 어느
쪽도 다 엷은 막이 원인인 것 같다. 그래서 엷은 막을 확대하

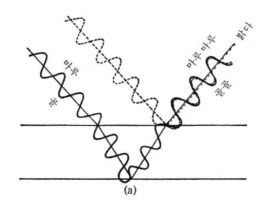

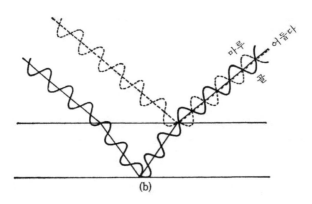

〈그림 1-17〉 빛의 파동의 마루와 마루, 골과 골이 중첩하면
빛은 서로 보강하여 밝아진다(a). 마루와 골이
중첩하면 상쇄하여 어두워진다(b).

여 빛이 진행하는 방법을 생각해 보자(그림 1-16). 눈에 들어
오는 빛에는 막의 윗면과 아랫면에서 반사한 두 종류의 빛이
있다. 이 두 개의 빛이 중합하여 줄무늬가 생기는 것이라고 생
각된다. 입자설도 파동설도 이 줄무늬를 설명해야 할 필요가
있다.

이번에는 파동설부터 먼저 살펴보자. 빛의 파형이 잘 관찰될 수 있게 그림에 파동의 마루와 골을 그려 넣어 본다.

〈그림 1-17〉의 (a)와 같이 두 파동의 마루와 마루, 골과 골이 서로 겹쳐지는 경우 두 빛의 파동은 서로 보강하여 크게 진동한다. 이때 눈으로 들어오는 빛은 서로 보강하여 밝아지고 있을 것이다. 한편 막의 두께가 다르거나 빛의 입사각이 다르거나 하면, 〈그림 1-17〉의 (b)와 같이 두 파동의 마루와 골이 겹쳐지는 일도 있을 것이다. 이 경우 파동은 상쇄하기 때문에 빛이 어두워지는 것이라고 생각된다. 이리하여 파동설은 두 파동의 **중합**(重合)이라는 방법으로서 명암의 줄무늬를 설명할 수 있다.

그러면 입자설에서는 어떨까? 입자에는 파동의 마루나 골에 해당하는 것이 없다. 이것은 곤란하다. 그러나 파동의 마루와 골이라고 하는 것은 파동의 주기적인 변화이기 때문에, 입자에 어떠한 주기적인 변화를 도입해주면 된다. 즉 빛의 입자가 팔딱팔딱 주기적으로 진동하고 있어서, 그 진동의 중합 상태에 따라서 밝아졌다 어두워졌다 하는 것이라고 생각해 본다. 이렇게 하면 파동설과 마찬가지로 명암의 줄무늬를 설명할 수 있다.

이상과 같이 입자설도 파동설도 빛의 직진, 굴절, 반사, 회절, 간섭을 설명할 수 있는 것처럼 보인다. 그러나 실은 이 중 어느 한쪽의 설명은 옳지 않다. 도대체 어디가 틀렸을까? 그리고 문제 해결의 열쇠는 어디에 있는 것일까?

결정 실험이 판결을 내린다

두 가지 설의 어느 것이 옳은지를 결정하는 열쇠는 지금까지

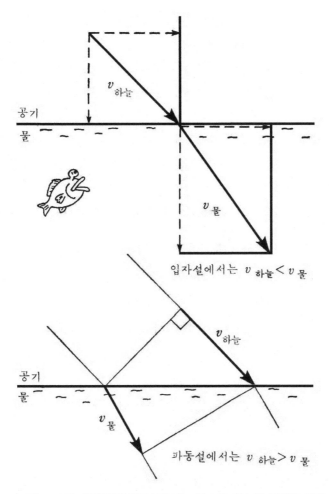

〈그림 1-18〉 입자설과 파동설에서는 물속의 광속이 반대가 된다

말한 설명에 있다. 어디에 있느냐고 하면 굴절을 설명한 데 있다. 굴절은 확실히 양쪽 설에서 다 설명될 수 있었다. 그러나 두 설명의 결과에는 결정적인 차이가 있다. 이제는 여러분도 알았으리라고 생각한다. 물속에서의 광속이 틀리는 것이다.

입자설에서는 수면에서 아랫방향으로 힘이 작용한다고 생각하고 있으므로 굴절 후의 빛의 속도는 커질 것이다. 그런데 파동설에서는 물속에서 파장이 짧아지고 빛의 속도가 작아진다고 생각한다. 즉, 입자설은 물속의 광속이 공기에서보다 크다고 예상하고 있고, 파동설은 그 반대를 예상하고 있다. 그렇다면 물속의 광속을 측정할 수 있으면 이 대립에는 결판이 난다. 이와 같이 가설이 옳은지를 판정할 수 있는 실험을 **결정실험**(決定實驗)이라고 한다.

물속의 광속은 공기에서보다 빠를까 느릴까? 어느 쪽일까?

파동파: 물속이 느린 것이 뻔해. 물이 공기보다 저항이 크니까.

입자파: 그야 공 같은 것이라면 저항이 크지. 하지만 자넨 파동설이잖아. 음파의 경우에는 물속이 훨씬 빠른 거야.

파동파: 아니, 자넨 입자설을 지지하잖아. 입자라면 역시 저항 때문에 느려질 거야.

아무래도 둘 다 흥분하여 좀 혼란을 일으키고 있는 듯하다. 어쨌든 물속의 광속을 측정해 볼 수밖에 없다.

회전거울로 광속을 측정

그러면 빛의 속도는 어떻게 측정하면 될까? 빛은 너무도 고속이기 때문에, 옛날에는 무한대의 속도로 진행한다고 여긴 적도 있었다. 광속을 측정하는 데는 상당한 연구가 필요하다.

여기서 다시 어린 시절의 놀이를 상기해 보자. 태양빛을 거울로 반사시켜 친구 얼굴에 부딪히게 하는 장난을 해본 적 있을 것이다. 수업 중에 선생님의 얼굴에 반사시켜 야단을 맞은

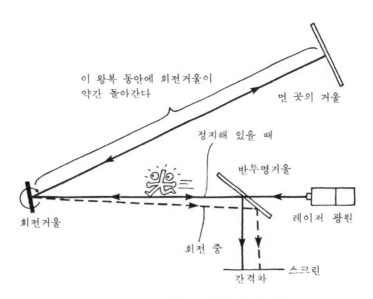

<그림 1-19> 회전거울을 사용한 광속측정장치

사람도 있을 것이다. 거울을 아주 조금만 움직이기만 해도 빛의 행방이 크게 바뀐다. 손끝의 작은 움직임으로도 상대를 곤란하게 만들 수가 있다.

이 거울의 성질을 광속의 측정에 이용한 것이 회전거울에 의한 실험이다. 회전거울을 사용한 광속측정장치는 <그림 1-19>와 같다. 이 장치의 구조를 순서에 따라 설명하겠다. 먼저 레이저에서 나온 빛의 일부가 반투명 거울을 통과하여 회전거울에 부딪힌 다음, 먼 곳에 있는 거울에서 다시 반사하여 같은 길을 되돌아온다. 회전거울이 정지해 있을 경우에는 빛은 꼭 같은 길을 통과하여 반투명 거울까지 되돌아오고, 일부가 직각으로 반사하여 스크린에 밝은 점으로 나타난다.

다음에는 회전거울을 고속으로 회전시켰을 경우를 생각한다.

이 경우에는 빛이 회전거울과 멀리 있는 거울 사이를 왕복할 때, 짧지만 유한한 시간이 걸린다는 것에 주목하자. 그러면 그 짧은 시간 동안에 회전거울이 근소하게 회전할 것이다. 그 결과 회전거울로부터의 반사광의 진로는 정지해 있는 경우와 비교하여 약간 처지게 된다. 이 차이는 극히 작은 것이지만 빛이 반투명거울까지 오는 동안에 확대되어, 스크린에 나타나는 밝은 점의 위치가 처지게 될 것이다(실제는 레이저광선도 조금은 확산하기 때문에, 빛의 통로에 볼록렌즈를 넣을 필요가 있다. 또 멀리 있는 거울은 본래 오목면 거울이 사용되지만, 평면거울이라도 상관없다).

그럼 실제로 실험해 보자. 방을 어둡게 하고 레이저를 켜면 붉은 광선이 예리하게 치닫는다. 먼저 회전거울을 정지시킨 채로 스크린의 붉은 점의 위치를 기록한다.

다음에는 회전거울의 모터 스위치를 넣는다. 모터의 회전소리가 높아짐에 따라서 스크린 위의 붉은 점은 근소하게나마 분명히 이동한다. 이것으로 광속이 유한하다는 것이 확인된다. 붉은 점의 이동거리나 회전거울의 회전수 등을 측정하면 공기 속의 빛의 속도가 얻어진다. 그 값은

$$3.00 \times 10^8 \text{m/s}$$

로 진공 속의 광속과 거의 같다.

그러면 이제 입자설과 파동설의 결정실험을 실행할 때가 왔다.

이번에는 물속의 광속을 측정해야 한다. 그러기 위해서는 회전거울과 멀리 있는 거울 사이에 기다란 수조를 둘 필요가 있다. 이렇게 하면 빛이 회전거울과 멀리 있는 거울 사이를 왕복

하는 시간이 변할 것이다. 입자설의 예상으로는 물속의 광속이 빠르기 때문에, 왕복시간이 짧아지고 그 동안의 회전거울의 회전도 작고, 스크린 위의 점의 간격 차는 공기의 경우보다 작아질 것이다. 한편 파동설의 예상으로는 물속의 광속이 느리기 때문에, 왕복시간이 길어지고 그동안의 회전거울의 회전도 커지고, 스크린 위의 점의 간격 차는 공기의 경우보다 커질 것이다.

다시 실험해 본다. 결과는 어떻게 나오는가? 스크린 위의 붉은 점은 공기 속일 때보다 "크게" 움직인다. 계산을 하여 보면, 물속의 광속은

$$2.25 \times 10^8 \text{m/s}$$

로 확실히 공기 속보다 작다는 것을 알 수 있다.

남겨진 의문

이리하여 빛의 입자설과 파동설의 논쟁은 파동설의 승리로 끝났다. 사실 지금까지의 이야기는 물리학의 역사에서 실제로 있었던 논쟁을 정리해 본 것이다. 빛의 입자설은 뉴턴의 후계자들에 의하여 주장되고 오랫동안 우세를 차지한 이론이었다. 한편 빛의 파동설은 호이겐스(C. Huygens), 영(T. Young), 프레넬(A. J. Fresnel)에 의해 발전되어 열세를 만회하여 마지막에 승리했던 것이다. 수중 광속도의 결정실험은 푸코(J. B. L. Foucault)에 의하여 1850년에 이루어졌다.

자연은 인간이 만드는 이론에 잔혹하게 대응한다. 입자설에 의한 직진, 굴절, 반사, 회절, 간섭을 설명하는 방법은 아무리 그럴싸하게 보일지라도 모조리 오류라고 판정했던 것이다. 아

무리 고생하여 만든 이론이라도 자연의 심판에서 패배한 것은 버릴 수밖에 없다.

입자설의 설명을 다시 한 번 생각해 보자. 굴절 때 수면에서의 힘은 결정실험을 통해 존재하지 않는다는 것을 알았다. 회절 때의 장애물로부터의 힘도 곰곰이 생각해 보면 그 근거가 명확하지 않다. 또 간섭 때에는 입자가 팔딱 팔딱 진동한다고 말했으나, 진동이란 실은 파동이 지니고 있는 성질이다. 즉, 입자설은 파동의 특징을 밀수입하고 있었다는 것이 된다.

한편 빛의 파동설에서도 이 승리는 제1단계의 승리에 불과하다. 빛의 파동설에도 아직 중대한 약점이 있다. 「빛의 파동은 아무 물질도 없는 진공 속을 어떻게 전파해 가느냐」하는 문제가 해결되어 있지 않기 때문이다. 파동이라는 것은 수파든 음파든 간에 어떠한 물질 속을 전해 가는 것이므로, 이 문제는 4장에서 다시 거론하겠다.

또 한 가지 중요한 문제가 있다. 그것은 「패배한 입자설에는 부활될 가능성이 없느냐」고 하는 의문이다. 이 문제를 둘러싸고 자연은 뜻밖의 모습을 나타낸다. 우리는 5장에서 빛의 더 깊숙한 본성을 발견하게 될 것이다.

2장
우주와 운동

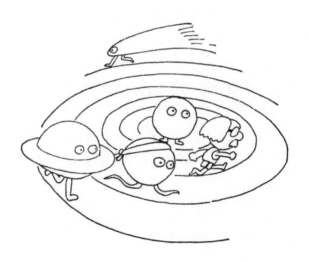

1. 천지를 뒤집다

달에서 바라보는 우주

세상은 우주시대라 일컬어진다. 여기서 잠깐 지구를 떠나 달 세계로 가서 우주를 바라보기로 하자. 달에서 하늘을 보면 시간의 흐름과 더불어 별들이 돌아가는데, 달 자체는 그 속에 가만히 정지해 있는 것처럼 느껴진다. 달의 1주야는 거의 지구의 한 달이다. 태양은 일출에서부터 2주쯤 걸려서 천천히 하늘을 회전한다. 달의 주간은 최고 120도 정도로 뜨겁다.

한편 밤도 2주쯤 계속되며 최저 영하 170도나 되는 추위가 계속된다. 태양은 1년 동안에 달 주위를 12번 회전하고, 항성천(恒星天)은 13번을 회전하는데, 그 움직임은 빨라졌다 늦어졌다 하여 지구에서 보았을 때와 같이 언제나 같은 속도로 움직이지는 않는다.

달 한쪽의 반구에서는 아름다운 지구가 보인다. 지구는 우리가 보는 달보다 4배 정도의 크기이므로 달에서의 밤은 지구가 나와 있는 곳에서는 매우 밝다. 달에서 보면 지구는 하늘에 못 박혀 있듯이 거의 움직이지 않는다. 그런데 달의 또 한쪽 반구에서는 전혀 지구를 볼 수가 없다.

금성이나 화성과 같은 행성의 움직임은 우리가 지구에서 볼 때보다 훨씬 복잡하고 파악하기 힘들다.

가령 달에 주민이 있다고 치자. 달에 사는 천문학자들은 우주의 구조를 어떻게 생각할까? 달은 부동이라고 하는 천동설(天動說)일까, 아니면 **월동설(月動說)**을 취할까? 어쨌든 달의 천

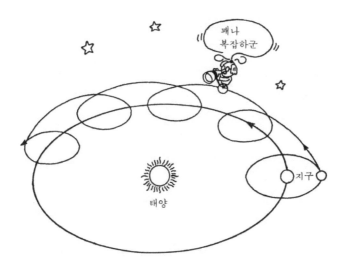

〈그림 2-1〉 달에 사는 천문학자의 고민

문학자는 「신은 왜 우주를 이렇게 복잡하게 만드셨을까?」 하고 탄식할 것이 틀림없다.

　세계 최초의 SF 소설이라고 일컬어지는 『케플러의 꿈』에서, 케플러(J. Kepler)는 달로의 여행과 달에서 본 별의 움직임, 월면의 상태를 풍부한 상상력으로 그려내고 있다. 그는 시점(視點)을 달로 옮겨 놓는 대담한 방법으로 지동설의 정당성을 인상지으려 했다.

　자, 그럼 우리의 지구로 되돌아오자.

지구에서 바라보는 우주

　지구에서 보면 태양은 우리 주위를 하루에 한번 돈다. 또 모든 항성은 북극을 중심으로 하여 하루에 하늘을 일주한다. 이 것을 천문학에서는 일주운동(日周運動)이라고 부르고 있다. 한편

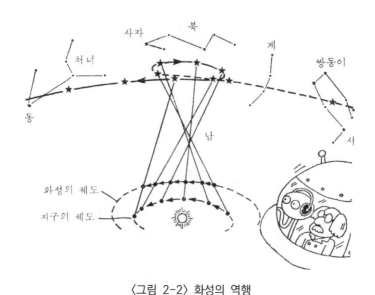

〈그림 2-2〉 화성의 역행

이것과는 다른 운동을 하는 별이 있다는 사실도 잘 알려져 있다. 그것은 행성이다. 밤하늘에서 가장 밝은 금성, 그리고 화성, 목성, 토성 등은 항성과 더불어 일주운동을 하면서, 날마다 조금씩 그 위치를 바꾸어 간다. 행성은 때때로 보통의 운행과는 반대로 진행하는 일도 있다(역행). 이와 같은 복잡한 운동을 하기 때문에 방황하는 별-혹성(惑星)이라고 불리기도 했다. 마찬가지로 태양도 매일 조금씩 그 위치를 바꾸어 1년간에 제자리로 다시 돌아온다. 이것을 태양의 **연주운동(年周運動)**이라고 한다.

이와 같이 항성이나 행성, 그리고 태양은 일정한 주기로 하늘을 1회전 한다. 적어도 우리의 지구가 움직이고 있는 것으로는 느껴지지 않는다. 이런 사실들을 순순히 받아들인다면, 지구는 우주의 중심에 있고 움직이지 아니하며, 천체가 그 주위를 돌고 있다고 생각하는 것은 자연스러운 일이라고 할 것이다.

이와 같은 천동설(天動說: 지구중심설)이 틀렸다는 것은 오늘날 초등학교 학생들도 알고 있다. 실제로는 지구도 또한 회전하는 하나의 행성에 지나지 않다.

그러나 여기서 잠시 생각해 보자. 만일 당신을 제외한 온 세상 사람들이 모두 천동설을 믿고 있다면, 당신은 어떻게 지동설(태양중심설)이 옳다는 것을 설명할 수 있을까? 천동설이 우리의 "실감"에 부합하는 만큼 이것은 그렇게 간단하게 처리될 문제가 아니다. 16세기부터 17세기에 걸쳐 근대 과학의 창시자들이 우선 직면했던 것은 이와 같은 문제였다.

2장에서는 먼저 지동설과 천동설의 논쟁을 통해, 근대과학의 창시자들이 자연의 진리를 어떻게 탐구해 왔는지를 생각해 보자. 거기에는 물리학에서의 갖가지 「사물의 관찰태도」와 「방법」이 등장한다. 이와 같은 「사물의 관찰태도」와 「방법」에 주목하며 아래를 읽어주기 바란다.

지구는 우주의 중심인가?

지구는 우주의 중심에 있기 때문에 움직이지 않는 것이며, 천체가 그 주위를 돌고 있다고 하는 천동설은 2세기의 천문학자 프톨레마이오스(K. Ptolemaeos)에 의하여 완성되었다.

프톨레마이오스의 견해에서 볼 수 있는 큰 특징은 천체는 모두 완전한 원운동을 한다는 점이다. 어째서 완전한 원운동을 생각했을까? 그것은 그리스 이래 가장 완성된 아름다운 도형은 "원"이라고 생각되었던 데에 있다. 원은 시초도 없고 끝도 없으

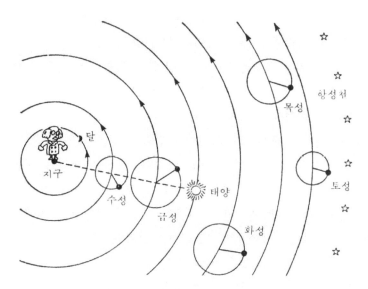

〈그림 2-3〉 천동설. 우주의 중심에 움직이지 않는 지구가 있고,
모든 천체는 그 주위를 돌고 있다

며 중심으로부터의 거리도 변화하지 않는다.

아름답고 영원히 변화하지 않는(당시는 그렇게 생각했다) 천체에는, 이 원운동이 가장 걸맞다고 사람들은 생각했다.

이와 같은 천동설의 체계는 수많은 천체관측 데이터에 근거해 있어서 천체의 운행을 잘 설명할 수 있었다. 또 역(曆)도 이체계에 기초하여 만들어졌고 충분히 도움이 되고 있었다. 이때문에 이설은 중세의 유럽 사회에 널리 받아들여져서 국가나교회가 공인하는 바가 되었다.

지구는 움직인다

이 같은 천동설에도 약점이 있다. 앞에서도 언급했듯이 행성은 때때로 보통과는 역으로 움직이는 일이 있다(역행). 행성의 궤도를 지구를 중심으로 하는 단순한 원으로 생각해서는 이 현상을 설명할 수가 없다. 그래서 프톨레마이오스는 행성의 원궤도의 중심을 지구에서 처지게 하거나, 원둘레위에 다시 작은 원을 회전시켜 행성의 운행을 설명하고 있었다. 「이것은 아무래도 부자연스럽다」고 느껴지지 않을까?

지동설의 창시자 코페르니쿠스(N. Copernicus)가 의문으로 느꼈던 것도 이 체계의 부자연함이었다. 코페르니쿠스는 자연은 훨씬 더 단순하고 아름다운 것이어야 한다고 생각했다. 코페르니쿠스도 원운동이 완전한 것이라고 생각하고 있었던 점에서는 중세의 사람들과 다를 바가 없었다. 그러나 그는 프톨레마이오스의 체계의 복잡성, 부자연성에서 탈출하기 위해서 태양을 우주의 중심으로 가져왔던 것이다. 이렇게 하면 화성의 역행도 자연스럽게 설명할 수 있다(그림 2-2).

코페르니쿠스의 지동설은 중세의 원운동의 완전성이라고 하는 생각과 또 하나, 빛과 생명의 근원인 태양에이 우주의 중심이 가장 걸맞은 장소라고 생각하는 데서 태어났다. 이와 같이 코페르니쿠스는 중세적인 사고방식에 사로잡혀 있었지만 그것은 책망해야 할 일이 못된다.

오히려 코페르니쿠스의 사고방식에서 가장 중요한 것은, 앞에서 말한 자연은 단순하고 아름다운 것이라고 하는 확신에 있다고 할 것이다. 이와 같은 확신은 그 후의 많은 과학적 발견에서도 볼 수 있다.

코페르니쿠스의 지동설은 1543년에 『천구의 회전에 관하여』라는 책으로 공표되었지만 큰 반향은 없었다. 프톨레마이오스

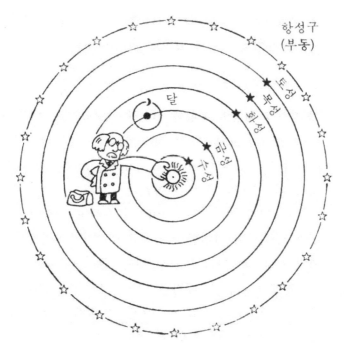

〈그림 2-4〉 지동설. 태양을 우주의 중심에 가져오면 우주는 훨씬
단순해진다

의 체계를 사용하건, 코페르니쿠스의 체계를 사용하건 행성의
운행을 설명하는 것은 큰 차이가 없었기 때문이다.

원으로부터의 결별

천동설도 지동설도 행성의 원 궤도를 전제로 하고 있었다.
「정말로 행성은 완전한 원 궤도를 그리는 것일까?」 이렇게 의
심한 사람은 아무도 없었다. 원만큼 단순하고 이해하기 쉬운
형태는 없다. 아름다운 원으로 조형된 우주는 사람들을 안심하
게 한다. 그러나 자연은 결코 인간이 바라는 것처럼 되어 있지

〈그림 2-5〉 타원 궤도의 발견으로 케플러는 중세로부터 근대로의
「분수령」을 넘어섰다

않다. 원 궤도로부터의 결별은 자연으로부터 강제됨으로써, 즉
천체의 관측에 의해서 일어났던 것이다. 자연의 강제를 받아들
여 고생해서 싸운 사람이야말로 케플러였다.

케플러는 티코 브라헤(Tycho Brahe)라는 당시 천체 관측의
제1인자의 제자로, 브라헤가 약 20년이나 계속하여 관측한 행
성운행의 관측 데이터를 이용할 수 있었다. 그는 그 속에서 화
성의 운행을 들어, 코페르니쿠스의 설에 기초하여 이론적인 계
산을 해 보았다. 그런데 계산한 결과는 브라헤의 관측 데이터
와 각도에서 8분(1분은 1도의 60분의 1)만큼이 맞지 않았다.
여기서부터 케플러의 악전고투가 시작됐다. 그는 브라헤가 관
측한 것이 옳다고 믿어, 행성이 원운동을 한다는 설이 틀린 것
이 아닐까 생각했다. 그러나 당시에는 천체가 완전한 원운동을
한다는 것은 아주 확고한 사고방식이었다. 이것을 의심한 것은
케플러가 처음이다. 그는 아주 신중하게 몇 번의 계산을 통해

화성의 궤도는 원일 수는 없다는 결과를 먼저 이끌어냈다.

그는 처음에는 달걀꼴의 궤도를 생각해 보았으나 잘 들어맞지 않았고, 다음에는 달걀꼴을 타원으로 대체했다. 그리고 길고 긴 계산과 "거의 미칠 것만 같은" 사색을 거듭하여 겨우 화성의 궤도가 타원이라는 것을 확인했다.

이리하여 브라헤의 약 20년간의 관측과 케플러의 수년간에 걸친 계산과 사색 끝에 가까스로 원운동과의 결별이 이루어졌다. 이 케플러의 발견은 1609년 『신 천문학』이라는 책으로 공표되었다. 그의 일생에 걸친 노력을 떠받쳤던 것은 "우주는 수학적인 조화를 지니고 있다"는 신념이었다. 케플러의 이 신념 가운데는 상당히 신비한 면도 포함되어 있다. 그러나 자연의 해명에 수학이 이용될 수 있다는 생각은 당시로서는 매우 참신한 것이었다.

타원 궤도의 발견은 물리학의 성립에는 더욱 결정적인 의미를 지니고 있다. 행성이 타원 궤도를 그린다고 하더라도, 원 궤도와의 차이는 아주 근소한 것이다. 이 작은 차이가 왜 그토록 중요할까? 그것은 다음의 이유에 근거한다. 행성이 원운동을 하는 것이라면 운동의 원인이 문제가 되는 일은 없다. 원은 완전한 도형이기 때문이라고 하면 설명을 끝낼 수 있었다. 그러나 설사 아무리 작은 차이라도 행성이 원운동에서 벗어난다고 하면 그렇게는 안 된다. 행성이 왜 타원 운동을 하느냐는 문제를 아무래도 생각해봐야 한다. 이리하여 타원 궤도의 발견으로 행성의 운동의 원인이 무엇이냐고 하는 문제가 새로이 제출되었다. 이 문제의 답은 후에 뉴턴이 발견했다.

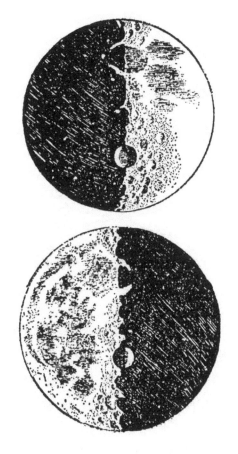

〈그림 2-6〉 갈릴레이의 달 스케치. 산과 골
짜기가 있고 지구와 그 모습이
같다(『성계의 보고』에서)

천동설과 지동설의 대논쟁

그런데 여기서부터 천동설과 지동설의 논쟁이 격해진다. 갈릴레이(G. Galilei, 1564~1642)는 케플러(Johannes Kepler, 1571~1630)와 같은 시대 사람인데 그는 열심히 지동설을 옹호했다.

〈그림 2-7〉 지구가 움직이고 있으면 집도 사람도 흩날려 간다?

갈릴레이는 지구가 움직이고 있다는 것을 과학적으로 증명하려한 최초의 인물이다. 여기서는 갈릴레이와 함께 우리의 주제, 지동설의 증거를 생각해 보자.

1608년경 네덜란드에서 망원경이 발명되었다는 소식을 들은 갈릴레이는 망원경의 원리를 추측하여 스스로 망원경을 조립한 뒤 천체를 관측했다. 그가 거기서 발견한 것은 달의 울퉁불퉁한 표면, 목성의 4개의 위성, 태양의 흑점이었다. 달에 산과 골짜기가 있다는 것은 달도 지구와 같은 별이라는 것을 가리키고 있다.

태양의 흑점은 이따금 생성되거나 소멸되는데, 이것은 천체가 완전하고 변화하지 않는다는 그때까지의 신조를 깨뜨리는 것이었다. 또 흑점은 태양의 표면을 이동하고 있으며 태양이 자전하고 있다는 것도 알았다. 가장 극적인 것은 목성의 위성의 발견이다. 시간을 두고 관측한 결과 목성의 위성은 자리를 이동하고 있으며, 목성 주위를 공전하고 있다는 것을 알았다. 갈릴레이는 그것을 태양계의 축소판인 것처럼 생각했으며, 적어도 이 발견으로 모든 천체가 지구를 중심으로 돌고 있다는 이론은 부정되었다.

갈릴레이는 이 관측결과를 1610년에 『성계(星系)의 보고』라는 책으로 출판했다.(태양흑점의 관측에 관해서는 그보다 뒤에 발표했다) 이 책은 인류가 처음으로 망원경으로 천체를 보았던 때의 감동과 갈릴레이의 예리한 고찰이 기록되어 있어 무척 재미있다.

그 후 갈릴레이는 지동설을 적극적으로 옹호하고 나섰으나 지동설에 반대하는 사람들로부터는 실로 갖가지 반론이 들끓었다. 특히 공격의 목표가 된 것은 지구의 운동이다.

반론을 몇 가지 들어보기로 하자.

① 우리는 지구가 움직이고 있다고는 전혀 느끼지 못하지 않느냐.

② 지구가 움직이고 있다면 공기는 뒤쪽으로 날려가고, 폭풍이 일어나서 지상에 있는 물체는 모두 날려가지 않겠느냐.

③ 탑 꼭대기에서 가만히 떨어뜨린 돌은 지구가 서에서 동으로 자전하고 있으면, 바로 밑으로는 떨어지지 않고 좀 처져서 서쪽으로 떨어질 것이다. 그러나 그런 일은 일어나지 않는다.

④ 마찬가지로 대포를 동과 서로 향해서 쏘았을 때, 서로 향한 포탄은 멀리까지 날아갈 것이 아닌가.

실제로 지구의 자전 속도는 적도 부근에서는 매초 460m이나 되므로 이와 같은 반론이 나오는 것도 당연할지 모른다. 지

〈그림 2-8〉 움직이고 있는 배의 돛대에서 가만히 물체를 떨어뜨려도
돛대의 바로 밑으로 떨어진다

동설은 이들 반론에 대답할 필요가 있다.

갈릴레이의 대답은 다음과 같다.

①에 대해서는 등속으로 움직이고 있는 탈것(이를테면 배)에 탔을
때, 밤이어서 바깥이 보이지 않거나 눈을 감거나 하면 움직이고
있는 것을 전혀 모르는 것과 같은 것이다.

②에 대해서는 공기도 지구와 운동을 공유하고 있어서 함께 움직이
고 있다고 생각하면 된다.

③에 대해서는 탑 위의 돌이 처음부터 수평 방향으로 지구와 같은
속도를 지닌 채로 낙하한다고 생각하면 된다. 움직이고 있는 배의
돛대 위에서 돌을 떨어뜨려도 돛대의 바로 밑으로 떨어지는 것과

같은 일이다.

④도 마찬가지로, 대포알이 포신 속에 있을 때에 이미 지구와 같은 속도를 지니고 있으므로 동서로 날아가는 거리는 같아진다.

그렇다면 갈릴레이의 발견과 고찰로써 지구의 자전과 공전이 증명되었을까? 사실은 그렇지 않다. 갈릴레이의 주장은 「지구가 정지해 있건 움직이고 있건 간에, 지상에 있는 물체의 운동은 어느 쪽에서도 같아지고, 지동설에서도 특별히 불합리한 일은 일어나지 않는다」고 하는 것이다. 갈릴레이의 논의는 지동설도 가능하다는 것을 보였을 뿐이다. 다시 말해 적극적으로 지동설이 옳다고 증명할 수 있었던 것은 아니다. 지구의 자전과 공전의 증거는 아직 들지 못했다는 것이 된다.

갈릴레이 재판의 심판

갈릴레이는 여러 가지 비판에 대해 참으로 정중하게 반론했다. 그의 주장은 우리가 볼 때는 옳은 것이지만 당시의 학자들에게는 받아들여지지 않았다. 지동설을 적극적으로 선전한 일로 갈릴레이는 로마교황청(가톨릭교회)에서 문죄를 당하고, 지동설을 옹호한 『천문대화』는 금서(禁書)로 처분되고, 그는 종교재판(宗敎裁判)에 의해 유폐된 채로 생을 마친다.

갈릴레이가 재판에 돌려진 것은 교황청과 보수적인 학자들이 「지동설은 성서의 교리(敎理)에 위배된다」고 생각했기 때문이다. 그러나 사실 갈릴레이가 공격을 받은 최대의 이유는, 오히려 지동설이 당시의 사회 지배층(교황청, 귀족)의 사상과 날카롭게 대립했기 때문이었다.

당시에 신봉되던 프톨레마이오스의 체계에서는, 천체는 에테

르라고 하는 고귀한 물질로서 이루어져 있고, 그 밑에 불, 공기, 물, 흙의 차례로 지상의 물질이 이루어져 있는 것이라고 했다. 이 중세의 에테르-불-공기-물-흙이라고 하는 하늘로부터 땅에 이르는 계층적인 우주관은 신-기도하는 사람(승려)-싸우는 사람(귀족)-일하는 사람(농민, 장인)이라고 하는 중세의 계층적 사회와 잘 일치한 사고방식이다. 우주의 질서와 마찬가지로 사회에도 신이 정한 질서가 있는 것이며, 인간이 그 질서를 무너뜨리는 것은 용서할 수 없다고 당시 사람들은 생각했다. 따라서 갈릴레이의 우주의 질서에 대한 비판은, 중세를 떠받쳐 온 사상에 대한 비판이며 이것이 발전하면 곧 사회질서에 대한 비판이 되는 것이라고 보았다. 지동설은 천지의 구별을 부정하고, 고귀한 천체를 인정하지 않으며, 모든 것을 평등하다고 생각한다. 이것을 사회에다 적용하면 「모든 인간은 평등하다」는 생각에 도달하는 것은 명백하다. 이미 독일이나 프랑스에서는 신교도(프로테스탄트)가 하느님 아래서의 인간의 평등을 주장하고 있었다. 지동설은 위와 같이 중세의 세계관 전체에 쐐기를 박아 넣는 것이기 때문에 위험한 사상이라고 간주되었다.

2. 운동을 파악

왜 운동이 문제인가?

물리학을 배우는 시초에는 반드시 운동 이야기가 등장한다.

그것은 솔직히 말해서 재미없다. 순간의 속도란 무엇이냐, 상대 속도란 무엇이냐 하는 말에 물리학이 싫어진 사람도 많을지 모른다.

왜 물리학에서는 운동을 문제로 삼을까? 운동이란 세계의 모든 "변화"의 기본이기 때문이다. 지상에서는 강은 흐르고, 바다는 물결치며, 바람이 불고, 초목이 성장하며, 동물은 돌아다닌다. 눈을 하늘로 돌리면 천체는 각각 규칙적인 운행을 계속한다. 세상의 모든 변화는 그대로 만물의 운동이라고 말할 수 있다. 예로부터 사람들은 자기가 살고 있는 우주의 구조와 만물의 변화, 즉 운동에 관해 무한한 흥미를 품어 왔다. 그리고 이 운동=변화의 문제는 현재의 물리학에서도 역시 중요한 과제이다.

어쨌든 우리는 운동에 관해 먼저 뉴턴의 역학으로 하나의 대답을 발견하는 데 성공했다. 이것은 현재로 보면 제1단계의 성공에 불과한 것이었지만, 이것의 성공 없이 현재의 물리학을 말할 수는 없다. 이 역학은 주변의 운동에서부터 우주선(宇宙船)이나 행성의 운동에 이르기까지를 설명할 수 있는 매우 훌륭한 것이다. 그러면 제1절에서 남긴 지동설의 문제도 포함하여 뉴턴역학에 관해 생각해 보기로 하자.

어느 쪽이 관성의 법칙일까?

다음 두 가지의 그럴싸한 「법칙」 중 어느 쪽이 옳을까?

1. 물체는 힘을 가하지 않으면 반드시 멈춘다. 물체를 계속 움직이게 하기 위해서는 힘을 계속 가해 줄 필요가 있다.

2. 물체에 전혀 힘을 가하지 않으면(또는 물체에 작용하는 힘이 평형을 이루고 있으면) 물체는 그대로 같은 속도로 똑바로 운동을

속도 일정

힘   잘못

속도 일정

마찰력   옳다

구동력

〈그림 2-9〉 자동차에 작용하는 구동력과 마찰력이 균형을 이루면
자동차는 등속으로 진행한다

계속한다(등속 직선운동).

답을 말한다면 2번이 옳고 1번은 틀렸다. 2번을 관성의 법칙
이라고 한다. 그러나 우리의 일상적인 체험에서 말하면, 1번이
옳은 것처럼 느껴지지 않을까? 공을 굴려도 조금씩 느려졌다가
멎어 버린다. 자동차를 계속 달려가게 하려면 액셀을 지속적으
로 밟아서 엔진의 힘을 사용하지 않으면 안 된다. 오른쪽으로
운동하고 있는 물체에는 왠지 오른쪽으로 힘이 작용하고 있다
고 생각해버리는 일도 자주 경험한다.

특히 「물체에 작용하는 힘이 평형을 이루고 있으면 물체는 등
속 직선운동(等速直線運動)을 한다」는 표현에 상당한 저항감을

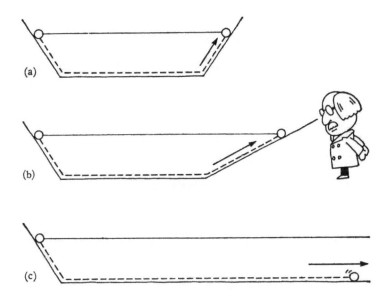

〈그림 2-10〉 관성법칙의 사고실험. 빗면의 기울기를 작게 하면 마지막에
　　　　　 는 공이 언제까지고 계속 굴러갈 것이다

느끼는 사람이 많지 않을까? 물론 이 표현방법도 관성 법칙의
올바른 표현이다. 자동차가 등속으로 똑바로 진행하고 있을 때는
엔진에 의한 구동력과 노면에 의한 마찰력이 평형을 이루고 있
다(공기저항은 무시). 이것은 다음과 같이 생각하면 알기 쉽다.

　자동차가 가속하고 있을 때는 구동력이 마찰력보다 크다. 한
편 감속을 하고 있을 때는 마찰력이 구동력보다 크다. 따라서
두 힘이 평형을 이룰 때는 등속운동이 될 것이라고 생각한다.

　처음에 언급한 두 「법칙」 중, 1번은 실은 아리스토텔레스의
사고방식이고, 2번이 갈릴레이나 데카르트(R. Descartes)의 사
고방식이다. 갈릴레이는 운동 분야에서도 당시의 생각과 투쟁
하지 않으면 안 됐다. 갈릴레이는 실험의 중요성을 실제로 제

시한 사람으로서 유명하지만, 실은 이 관성법칙을 엄밀하게 시험하는 것은 불가능하다.

지상에서 하려면 아무래도 마찰이나 공기저항을 피할 수 없기 때문이다. 그렇다면 갈릴레이는 어떻게 했을까? 그는 여기서 사고실험(思考實驗)이라는 방법을 썼다. 그 한 예를 소개 하겠다.

〈그림 2-10〉의 (a)와 같이 왼쪽 빗면에서 공을 굴리면, 빗면이 매끈하다면 물체는 오른쪽 빗면의 높이까지 올라갈 것이다. 다음에는 오른쪽 빗면의 기울기를 〈그림 2-10〉의 (b)와 같이 작게 하더라도 물체는 같은 높이까지 올라간다. 이것에 기초하여 다음에는 〈그림 2-10〉의 (c)와 같이 오른쪽 빗면을 무한히 수평에 가깝게 했을 경우를 생각해 본다. 이 경우도 공은 최초의 높이까지 올라가려 하지만, 빗면이 무한히 수평에 가깝기 때문에 언제까지고 운동을 계속하게 된다. 적어도 사고실험에서는 그렇게 추측된다.

이 사고실험이라는 방법은 실험이 불가능할 경우에 물리학의 방법으로 흔히 사용된다. 앞으로 상대론이나 양자역학(量子力學)에서도 자주 등장하게 된다.

물체의 낙하법칙

천체의 운동은 케플러에 의해 올바로 포착되었다. 그렇다면 지상의 운동에 대해서는 어떨까? 여기서 또 갈릴레이가 등장한다.

갈릴레이의 발견은 물체의 낙하운동에 관한 것인데, 이와 같은 단순하고 신비한 운동 속에 그 수수께끼를 푸는 열쇠가 숨겨져 있었다. 바다의 파도나 대기의 운동과 같이 복잡한 운동

을 파악하려 해도 어디서부터 손을 대야할지 모른다. 우선 가
장 간단한 운동을 조사해 본다. 그것도 공기저항 등을 무시하
고 이상화(理想化)시켜서 생각한다. 이것은 물리학의 흔한 수단
이다. 그런데 갈릴레이의 발견은 다음과 같이 정리된다.

(1) 물체를 조용히 떨어뜨렸을 때의 낙하운동은 속도가 같은 비율로
증가하는 운동이고, 물체의 낙하거리는 시간의 제곱에 비례한다.

(2) 이 자유낙하 때의 물체의 가속도(매초의 속도의 변화)는 어떤 물
체에서도 같다.

이 (2)의 법칙은 피사의 사탑의 실험에서 발견되었다고 전해
지고 있으나 실제는 그렇지 않다. 갈릴레이는 오히려 사고(思
考)를 통해 이와 같은 법칙에 도달하여 그것을 확인하기 위한
실험을 했던 것이다. 갈릴레이가 한 실험은 빗면의 실험이다.
왜 빗면을 사용했는가 하면, 바로 밑으로의 운동에서는 너무
빨라서 시간을 측정할 수 없었기 때문이다. 당시는 현재와 같
은 시계가 없었기에 갈릴레이는 물시계를 사용하여 시간과 거
리의 관계를 조사했다.

낙하운동의 응용으로서 한 가지 재미있는 문제를 내보겠다.
굵은 빗방울과 작은 빗방울 중 어느 쪽의 속도가 클까? 쉬운
듯한 느낌이 들겠지만 여러 가지로 생각해보면 깊은 내용이 담
겨 있다. 어느 쪽이 빠르건 간에 그 이유를 곰곰이 생각해보기
바란다.

이 문제는 누구라도 실험할 수 있다. 빗방울 대신 발포스티롤
로 두 개의 구슬을 준비하자. 크기는 테니스공과 탁구공 정도로
한다. 시중에서 구입해도 되지만 발포스티볼 상자를 칼로 깎아서

손수 구슬을 만들어도 된다. 먼저 1m 정도의 높이에서 두 개의 구슬을 동시에 놓아보자. 이때는 갈릴레이의 (2)의 법칙대로 두 개의 구슬은 동시에 마룻바닥에 떨어질 것이다. 이것을 3m쯤의 높이에서 떨어뜨리면 공기 저항의 영향이 나타난다. 그 영향은 어느 쪽이 더 클까? 중력의 크기도 두 개의 구슬에서는 물론 다르다.

뉴턴의 성공

이제 드디어 역학을 완성하는 때가 왔다. 그 공적자는 뉴턴이다. 뉴턴은 케플러가 밝힌 천체의 운동과, 갈릴레이가 밝힌 지상물체의 운동을 결부시켰다. 그는 이 하늘과 땅의 운동을 단 하나의 원리로 통일하여 역학의 체계를 수립했다.

「인공위성은 계속해서 낙하하고 있다」고 말한다면 여러분은 놀라워할까? 인공위성과 마찬가지로 「달은 지구를 향해서 영원히 낙하를 계속하고 있다」는 것이 뉴턴의 아이디어이다. 관성법칙에 의하면 달은 직선운동을 하여 지구로부터 멀어져 갈 것이다. 그것이 지구 주위를 돌고 있는 것은 지구가 달을 잡아당기고 있기 때문이다. 이것은 지상의 물체가 지구에 잡아당겨져서 낙하하는 것과 같은 일이 아니겠는가.

이렇게 생각한 뉴턴은 「지구로부터의 인력은 지구와 물체 사이의 거리의 제곱에 반비례 한다」고 가정하여, 달이 1초 동안에 낙하하는 거리와 지상물체가 1초 동안 낙하하는 거리를 비교해 보았다. 이 결과가 잘 일치했기 때문에, 그는 지상물체에 작용하는 힘과 천체에 작용하는 힘도 모두 같은 만유인력이라는 확신을 얻을 수 있었던 것이다.

달을 향하고 있지 않은 쪽이 만조가 되는 것은 어째서인가?

달의 인력이 조석 간만의 원인이라는 것은 잘 알려져 있다. 그런데 그림과 같이 달을 향하고 있지 않은 쪽도 만조가 되는 것은 어째서일까?

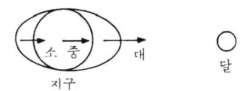

가장 간단한 대답은 다음과 같다. 지구도 바닷물도 달로의 인력을 받고 있다. 이 인력은 거리가 가까울수록 크므로, 달에 가까운 쪽의 바닷물이 가장 강하게 잡아당겨지고, 다음은 지구이며, 가장 약하게 잡아당겨지는 것이 달에서 먼 쪽의 바닷물이다. 달과 반대쪽 지구의 바다는 인력이 작기 때문에 팽창한다는 것을 이것으로 이해할 수 있다.

한편 뉴턴은 케플러의 행성의 운동법칙을 이 만유인력을 사용하여 수학적으로 증명하는 데 성공했다. 이리하여 뉴턴에 의하여 지상물체와 천체의 운동이 비로소 통일적으로 파악되어, 인류는 마침내 태양계의 구조와 운동의 법칙을 올바르게 파악할 수 있었다.

여기서 뉴턴과 함께 이 근대 역학의 기본법칙을 정리해 두기로 하자.

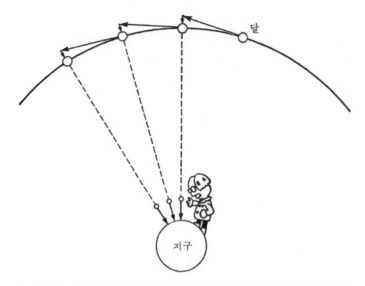

〈그림 2-11〉 달은 낙하한다. 지상 물체의 낙하와 달의 운동은 같은
만유인력에 의한다

제1법칙(관성법칙): 물체에 힘이 작용하지 않으면 물체는 정지한 채
로 머무르거나 등속 직선운동을 계속한다.

제2법칙(운동법칙): 물체의 가속도는 외부로부터 작용하는 힘의 크
기에 비례하고, 물체의 질량에 반비례한다.

제3법칙(작용 반작용의 법칙): 물체가 서로 힘을 미칠 때 이 두 힘
은 크기가 같고, 방향은 반대이다.

만유인력의 법칙: 모든 물체 사이에는 인력이 작용하고, 그 크기는
거리의 제곱에 반비례하며, 두 물체의 질량을 곱
한 것에 비례한다.

운동방정식을 말로 표현하면

물리학을 배울 때 가장 좌절하기 쉬운 것은 운동방정식일 것이다. 운동의 제2법칙을 식으로 나타낸 것이 운동방정식으로

$$ma = F$$

로 쓸 수 있다.(m: 질량, a: 가속도, F: 힘)

그러나 이 식을 기억해도 실제 문제에서 운동방정식을 세우려고 하면, 어떻게 해야 할지 도무지 모르는 경우가 많다. 실은 이 식은 다음과 같이 말로 표현하여 기억하는 편이 좋다.

물체의 질량×물체의 가속도 = 외부로부터 물체가 받는 힘의 합

좀 길어지지만 이쪽이 훨씬 활용도가 높다. 운동방정식을 세울 때의 핵심은 물체를 명확하게 하는 데 있다.

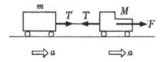

이를테면 위의 그림의 문제라면 기관차에 주목하여, 운동방정식을 말로 외우면서

$$Ma = F + (-T)$$

로 쓸 수 있다. 객차는 간단하게

$$ma = T$$

가 된다.

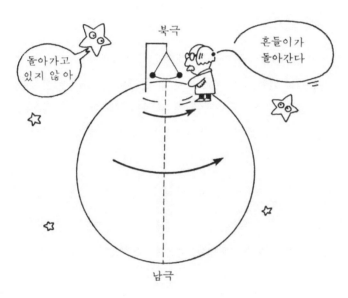

〈그림 2-12〉 푸코의 진자. 지구가 자전해도 진자의 진동방향은
바뀌지 않는다

최초의 문제로 되돌아가서

꽤나 멀리 돌아온 것 같은데, 이제 다시 최초의 문제(지동설의 근거)로 되돌아갈 때가 되었다.

오늘날에는 지동설을 뒷받침하는 증거가 수없이 많이 알려져 있다. 유명한 푸코의 흔들이(진자)가 그 중 하나다. 북극에서 가느다란 강철선에 매단 커다란 쇠공을 진동시키면, 진자의 진

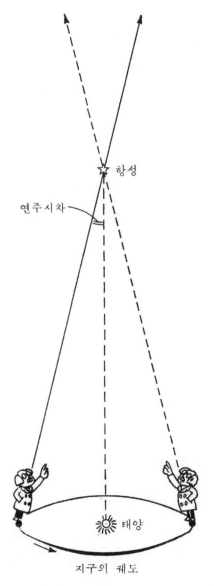

〈그림 2-13〉 연주시차. 지구가 공전하면 가까이의 항성이 움직이는 듯이 보인다

동방향은 태양이나 항성을 기준으로 정지해 있다. 이 진자를 지구에서 보면, 지구의 자전에 의해 진자의 진동방향이 지구의 자전과 반대로 하루에 1회전 할 것이다. 북극 이외의 곳에서는 회전속도는 달라지지만 마찬가지 회전이 관측될 것이다.

이 실험은 1851년에 푸코에 의해서 길이 67m, 무게 28㎏의 진자를 사용하여 실시되었다.

한편 지구가 공전하는 증거로는 태양계에 가까운 항성의 위치가 지구의 공전으로 움직이듯이 보이는 현상(연주시차: 年周視差)이 있다. 〈그림 2-13〉처럼 지구의 공전궤도에서 보면 태양 바로 위에 있는 항성은 원운동을 그리듯이 보일 것이다. 실제로는 태양에 가장 가까운 항성이라도 상당히 떨어져 있기 때문에 연주시차는 극히 작아서 1838년에야 겨우 확인되었다.

이 밖에 자전의 증거로는 지구가 적도방향으로 팽창해 있다는 것, 태풍이 소용돌이치는 것 등을 들 수 있다.

뉴턴역학의 마지막 승리

그러나 이들 증거는 실은 뉴턴역학의 승리에서는 본질적인 것이 되지 못했다.

뉴턴역학의 정당성의 근거는 이들의 직접적인 증거에 의하기보다도, 오히려 이 역학으로써 태양계의 모든 행성의 운동을 완전히 설명할 수 있었던 점에 있다.

행성은 태양의 인력 이외에 행성간의 인력의 영향을 받으므로, 완전한 타원 궤도를 그리는 것이 아니라 아주 미세하긴 하지만 궤도가 변화하고 있다. 특히 목성과 토성의 궤도의 간격 차가 크게 벗어난다는 것을 알게 되어, 태양계가 언젠가는 붕

괴해 버리는 것이 아닐까 하는 것이 18세기에 큰 문제가 되었다. 이 문제는 「행성간의 인력을 고려하더라도 태양계가 훨씬 안정하다」는 것이 라플라스(P. S. M Laplace)에 의해서 증명되어 해결되었다(1784년). 라플라스의 성공으로 뉴턴역학의 권위는 절대적인 것이 되었다고 할 수 있다.

또 한 가지를 덧붙이자면 1846년의 해왕성의 발견은 더욱 극적이었다. 이 발견은 뉴턴 역학으로 계산되는 천왕성의 궤도와, 실제의 관측결과가 도무지 일치하지 않는 데서 비롯되었다. 이와 같이 천왕성의 궤도가 처지는 것은 천왕성에 영향을 주는 미지의 행성이 있다고 생각하면 설명할 수 있다. 그래서 이 미지의 천체의 궤도와 크기를 뉴턴역학으로 계산하고, 예측한 위치로 망원경을 돌렸더니 예측과 거의 다르지 않는 위치에서 해왕성이 발견되었다.

물리학 이론의 정당성은 수학과 같이 공리(公理)로부터 모든 것이 증명되는 형태로서 확인되는 것은 아니다. 빛의 파동설을 제창한 호이겐스의 말을 빌어보자.

「(물리학에서는) 상상된 원리로부터 이끌어진 사항이 경험이 가리키는 현상과 완전히 일치할 때, 특히 그 일치가 매우 많고, 또 가설로부터 새로운 현상을 예견할 수 있으며, 그 현상이 실제로 발견되었을 때에 그 가설의 진실성은 매우 커진다」

이 방법은 **가설연역법(假說演繹法)**이라고 불린다. 즉, 먼저 가설을 세우고 그 가설로부터 일반적으로 조립한 이론에 의해서 개개의 과제를 설명한다는 방법이며, 보통은 그다지 의식되지 않으나 과학의 가장 기초에 있는 방법이다.

3. 처음에 빛과 말이 있었다—태양계 바깥으로

우주는 유한······

드디어 태양계 바깥의 우주로 비약할 때가 왔다. 여기서부터는 우주의 구조가 어떻게 되어 있으며, 우주는 어떻게 시작되었는가 하는 두 가지 문제를 생각해 나가기로 하자.

먼저, 천동설에서는 지구가 우주의 중심이라고 했으나 동시에 우주의 크기는 유한하다고 생각했다.

왜 유한하다고 했을까? 천동설에서는 지구가 자전하는 것이 아니라, 하늘이 하루에 한 번 회전한다고 믿었다. 그 때문에 만일 우주가 무한대라고 한다면 먼 곳의 천체는 터무니없는 속도로 회전하는 것이 되어 산산조각으로 부서져 버릴 것이다. 그래서 사람들은 우주를 유한한 것으로 생각하지 않을 수 없었고, 우주의 맨 바깥쪽 천구에 항성이 아로새겨지고, 그 천구가 하루에 1회전을 한다고 믿고 있었던 것이다.

무한우주론

뉴턴 역학으로 태양계의 구조와 운동이 밝혀진 동시에 18세기경부터 사람들의 관심은 태양계 바깥으로 퍼져 나갔다. 우선 처음에 은하계(섬우주)라고 하는 것을 알게 된다. 즉, 태양 주위의 항성의 집단은 무한히 멀리까지 확산해 있는 것이 아니라 납작한 집단이라는 것을 알게 되었다. 이 항성 집단의 상하 방향을 보는 경우보다 좌우의 방향을 보는 경우가 별이 많이 겹쳐 보이기 때문이다. 이 집단은 약 2000억 개의 항성으로 이

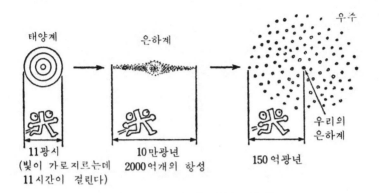

〈그림 2-14〉 태양계는 우주에서는 작디작은 존재

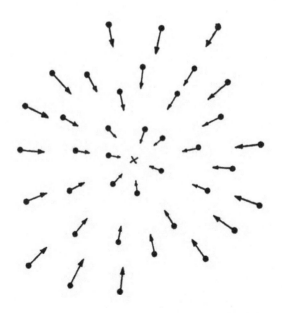

〈그림 2-15〉 유한우주는 만유인력으로 찌부러진다

루어지는 거대한 소용돌이로서 지름은 10만 광년 정도가 된다. 이것이 우리 태양을 포함하는 은하계다.

또 성운 중에서도 안드로메다 성운과 같은 것은 우리 은하계와는 다른 은하계라는 것도 알게 되었다. 이리하여 19세기경에는 우리 은하계와 같은 무수한 은하계가 무한히 넓은 우주공간 안에 떠 있다고 하는 무한우주론(無限宇宙論)을 믿게 되었다.

어째서 우주는 무한하다고 생각했을까? 천체는 뉴턴의 만유인력에 의해서 서로 잡아당기고 있다. 천체가 만일 유한한 범위에 만 있다면, 우주 끝 쪽의 천체는 중앙 쪽에서만 끌어당겨져서 우주는 자꾸 수축되어 버릴 것이다.

그러나 그런 일은 관측되지 않았다. 따라서 우주는 무한하다고 생각했던 것이다.

무한우주의 패러독스

그런데 이와 같은 무한우주론에는 뜻하지 않은 모순이 있다는 것을 알게 되었다. 그것은 다음과 같다. 좀 복잡한 논의이지만 주의 깊게 읽어주기 바란다.

무한히 넓은 우주공간에 은하계가 균일한 밀도로 분포해 있다고 가정하자. 먼저 지구를 중심으로 한 구면(球面)을 많이 생각하고 우주를 같은 두께의 껍질로 자꾸 쪼개어 본다.

그러면 껍질의 두께가 모두 같기 때문에 껍질 속에 들어있는 은하계의 개수는 껍질의 표면적의 크기에 비례한다. 구의 표면적은 반지름의 제곱에 비례하므로, 결국 껍질 속의 은하계의 개수는 껍질의 반지름의 제곱에 비례하여 먼 껍질일수록 많아진다.

한편 빛의 밝기는 광원에서 멀어질수록 약해진다. 정확하게

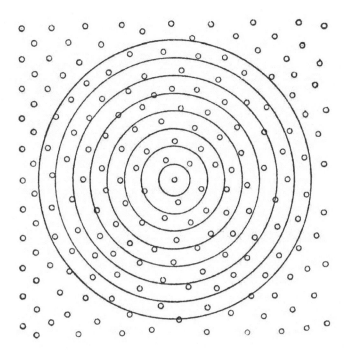

〈그림 2-16〉 우주를 껍질로 나누면, 껍질 속의 천체 수는 반지름
의 제곱에 비례하여 증가한다

는 빛의 밝기는 광원에서 거리의 제곱에 반비례하여 약해진다.
그러면 다음에는 어떤 한 껍질 속의 은하계의 개수와 그 속의
은하계로부터 지구로 오는 빛의 밝기를 조합하여 생각해 보자.
은하계의 개수는 거리의 제곱에 비례하고, 오는 빛의 밝기는
제곱에 반비례한다. 따라서 이 두 효과가 서로 상쇄하여 어느
껍질 속으로부터 오는 빛도 모두 같은 밝기가 된다는 것을 알
수 있다. 여기서 우주가 무한대라고 생각하면 껍질은 무수하게
있는 것이 되어, 하나의 껍질로부터 오는 빛이 아무리 근소하
더라도 지구에는 무한한 빛이 오는 것이 된다. 그렇게 되면 지

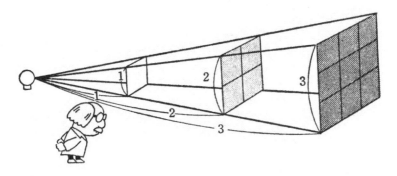

〈그림 2-17〉 빛의 밝기는 광원으로부터의 거리의 제곱에 반비례한다

구에는 밤도 낮도 없어지고 우리의 하늘은 무한히 밝은 것으로
되어 버린다.

이것이 19세기 전반에 나온 올버스(H. W. M. Olbers)의 패
러독스라고 일컬어지는 것이다. 이 패러독스는 19세기 중에는
해결되지 못하고 20세기로 넘겨졌다. 어떻게 해결 되었을까?

팽창우주의 발견

여기서 다음 문제를 생각해 보자.

지구로부터 멀리 떨어진 천체에서 오는 빛은 몇 가지 색으로 보
이는가?

이 문제는 현대의 우주론과 깊은 관계가 있다.

20세기로 들어와서 우주론에 커다란 혁명이 일어났다. 그 계
기가 된 것은 1929년에 허블(E. P. Hubble)에 의한 우주 팽
창의 발견이다.

허블은 우리 은하계 바깥에 있는 다른 은하계를 관측하여,

〈그림 2-18〉 도플러 효과. 오리가 진행하면 앞쪽 파동은 수축하고
뒤쪽 파동은 길어진다

모든 은하계는 우리 은하계로부터 멀어져 가고 있으며 더구나 멀
리 있는 것일수록 큰 속도로 멀어져 가고 있다

는 것을 발견했다.

그런데 모든 은하계가 우리 은하계로부터 멀어지고 있다고
하는 것은 어떻게 알았을까? 은하계가 차츰차츰 어두워져 가는
것이라면 금방 알 수 있겠지만, 그와 같은 일은 전혀 관측되지
않았다. 여기서 앞에서 말한 먼 천체(은하계)로부터의 빛은 몇
가지 색이냐고 하는 문제가 힌트가 된다.

우선 빛이 아닌 소리의 경우를 생각해 보자. 소리를 내고 있
는 물체(비행기 등)가 우리에게 다가올 때는, 소리는 실제보다
높은 소리로 들린다. 반대로 멀어져 갈 때는 낮은 소리가 된다.
이 현상은 도플러(C. J. Doppler)효과라고 부른다.

도플러 효과는 음파뿐 아니라 모든 파동에 공통인 현상으로,
일반적으로는 파동의 발생원에 접근할 때는 파장이 짧아지고

멀어질 때는 길어진다. 광파의 경우도 마찬가지이다. 접근하고 있는 물체로부터의 빛은 파장이 짧아지고 청색으로 쏠린다. 멀어져 가는 물체로부터의 빛은 반대로 파장이 길어지고 적색으로 쏠린다. 허블은 먼 은하계로부터의 빛을 분석하여 빛이 적색으로 쏠리는 것(이것을 적색이동이라고 한다)을 발견했다.[실제는 적색이동은 천체로부터의 전 스펙트럼(5장 참고)이 전체적으로 적색 쪽으로 쏠리는 것으로서 확인된다]

하늘이 무한히 밝아진다고 하는 올버스의 패러독스도 이 우주팽창의 발견으로 해결되었다. 그것은 빛의 파장이 긴 쪽으로 쏠리면 빛의 에너지가 약해지기 때문이다.(5장 참고) 멀리 있는 은하계일수록 큰 속도로 멀어져 가고 있으므로, 거기로부터의 빛은 파장이 길어지고 에너지가 약해져 있다. 따라서 하늘이 무한히 밝아진다는 따위의 걱정은 하지 않아도 되었다.

우주방정식을 해석하면

허블의 우주팽창의 발견보다 조금 전인 1915년에 아인슈타인(A. Einstein)은 유명한 일반 상대성이론(중력장의 이론)을 발표했다. 이 이론은 뉴턴의 역학을 대신하는 새로운 이론으로 만유인력의 법칙에도 변경을 강요하는 것이었다. 현재는 이 이론이 뉴턴역학보다 옳다고 보는데, 이 두 이론 사이에 차이가 나타나는 것은 중력이 매우 강력할 경우(이를테면 블랙 홀)라든가 우주 전체를 생각할 경우이며, 태양계에서는 뉴턴 역학으로서 거의 충족된다.

일반 상대성이론의 자세한 내용에 관해서는 여기서 언급하지 않겠으나, 아인슈타인은 이 이론을 우주 전체에 적용하여 우주

의 구조를 결정하는 방정식을 제출했다.(얼마나 장대한 방정식
이랴!) 그리고 1922년 프리드만(A. A. Friedmann)이라는 사
람이 이 우주방정식을 해석하는 데 성공했다. 이 프리드만의
해(解)라는 것은 다음과 같다.

「우주는 줄곧 계속하여 확대하는가, 아니면 확대해 가다가 어딘
가에서 멎고 이번에는 짜부라지는가, 둘 중 하나일 수밖에 없다. 가
만히 정지한 채로의 정적인 우주는 존재할 수 없다」

이리하여 이 프리드만의 해와 허블의 관측으로 우리의 우주
는 적어도 현재는 팽창을 계속하고 있음이 명확해진 것이다.

처음에 빛이 있었다

이와 같이 확대되어 가는 우주의 시간을 역으로 거슬러 올라
가면, 우주가 무한히 작고, 그 밀도가 무한히 크며, 온도가 무
한히 높은 상태가 있었다는 것이 된다. 우주는 밀도와 온도가
무한히 큰 상태에서 대폭발로 시작되어, 밀도와 온도를 낮추어
가면서 현재로까지 확대되어 왔다고 본다. 이와 같은 사고방식
은 빅뱅(big bang)우주론이라고 불리는데, 이것이 현재 가장
유력한 우주론이다.

그렇다면 빅뱅 당시의 우주는 어떤 상태였을까? 또 그와 같
은 까마득히 먼 과거의 일을 어떻게 알 수 있는 것일까?

초기 우주와 같은 고온상태에서는 분자, 원자, 나아가서는 원
자핵도 제멋대로 흩어져 있어, 소립자라고 불리는 기본적인 입
자만의 세계로 되어 있었다. 이러한 극미(micro)의 세계의 탐
구는 물리학의 최대 과제 중 하나이며 소립자물리학(素粒子物理

學)이라는 분야에서 다루어지고 있다. 이 극미의 물리학이 거대한 우주의 시초를 밝히는 데 도움이 되고 있다는 것은 매우 흥미로운 일이다.

그러면 미크로의 물리학에 의해서 이론적으로 추측된 우주의 역사를 더듬어 보기로 하자.

우주 탄생의 시초는 우리의 상상을 초월하는 고온, 고밀도였다. 그 무렵의 우주는 현재의 빛이나 소립자의 근원이 되는 「원시의 빛」과 「원자의 입자」로 이루어져 있었다. 빅뱅(대폭발)으로부터 약 1만분의 1초 후, 온도는 1조도 정도였다. 이 무렵에 현재 원자의 원자핵을 구성하는 양성자(陽性子)와 중성자(中性子)가 탄생했다. 빅뱅으로부터 1초 후에도 온도는 100억 도쯤이었다. 빅뱅으로부터 3~4분이 지나 온도가 10억 도로 내려오자 중성자와 양성자가 결합하기 시작하고 헬륨의 원자핵이 생성되었다. 다시 시간이 경과하여 70만 년쯤이 지나자 우주의 온도는 태양 표면의 온도(약 6,000도) 정도로 내려오고, 전자(電子)가 양성자나 헬륨원자핵에 포착되어 겨우 원자가 생성되기 시작했다.

이렇게 생긴 수소와 헬륨의 가스는 이윽고 서로의 중력으로 잡아당기면서 거대한 덩어리로 되었다. 이것이 은하계의 시초다. 이미 빅뱅으로부터 1억 년쯤 지났고 온도는 지구 위의 보통의 온도 정도로 내려와 있었다. 이 가스덩어리는 어둡고 찬 것이었다. 이 덩어리는 다시 많은 부분으로 갈라지고, 각 부분은 중력에 의해 짜부라져 갔는데, 이때의 중력의 에너지로 다시 온도가 상승했다. 그러자 수소의 원자핵이 서로 결합하기 시작하여(원자핵의 융합반응) 방대한 에너지를 방출하기 시작했다. 이것이 항성이다. 현재는 빅뱅으로부터 백 수십 억 년, 우리의 태양이 생기고부터 50억 년 정도가 경과한 것으로 본다.

빅뱅의 흔적

빅뱅은 위와 같이 이론적으로 추측된 것이지만 정말 그런 일이 있었다는 증거가 있을까?

여기서 어떤 참새구이 가게의 풍경을 떠올려 보자.

세 사나이가 술을 마시면서 피로를 풀고 있었다. 그 중의 한 사람인 물리학자가 갑자기

「별도 없는 우주 공간의 온도는 몇 도쯤이나 될까?」

하고 괴상한 질문을 던졌다. 옆에 앉아있던 SF 애호가인 영문학자가 턱수염을 쓰다듬으며 이렇게 말했다.

「물질이 전혀 없으니까 애당초 온도 자체가 없는 것이 아닐까? 몇 도라는 따위는 생각해 볼 필요도 없어」

곁에서 듣고 있던 수학자가

「아니야. 이유는 잘 모르겠지만 우주의 온도는 절대온도로 3도라고 들은 적이 있어」

라고 참견했다. 물리학자는

「이론적으로 생각해도 절대영도일 거야. 별로부터의 빛도 열도 오지 않으니까 말이야. 3도라니 멋대로 짐작한 것이겠지」

하고 대답했다.*

어느 것이 정답일까? 3K가 정답이다. 현재의 우주는 전체적

---

* 절대온도 K란 약 -273℃를 제로로 한 온도눈금

으로 보면 별이 없는 곳에서도 3K의 온도를 지니고 있다. 우주의 온도가 제로가 아니라는 것은 빅뱅우주론이 이론적으로 예언했고, 그 후 관측에 의해서 3K라는 것이 1965년에 확인되었다. 이 온도는 현재 우주에 있는 천체가 내고 있는 열로는 도저히 충당할 수 없는 온도이며, 빅뱅의 나머지 열이라고 생각하면 적절하게 설명할 수 있다.

우주의 장래는?

마지막으로 현재 팽창하고 있는 우주는 앞으로 어떻게 될 것인가 하는 문제를 생각해 보자. 이대로 팽창을 계속할 것인가? 아니면 어딘가에서 반대로 수축하기 시작할 것인가? 이것을 결정하는 것은 빅뱅의 폭발의 세기와 우주 전체에 존재하는 물질의 양과의 관계이다.

이를테면 어떤 별이 폭발했다고 하자. 그때 별의 물질이 서로 잡아당기는 중력보다 폭발력이 강하다면 별은 산산조각으로 흩어져 버릴 것이다. 반대로 폭발력보다 중력이 강하다면, 일단 흩어졌던 별의 파편이 다시 본래의 위치로 돌아와 하나의 덩어리로 될 것이다.*

우주의 경우도 같다. 빅뱅의 세기보다 우주 전체의 물질간의 중력이 우월하면 우주는 어딘가에서 수축하기 시작할 것이고, 그렇지 않다면 영원히 팽창을 계속하는 것이 된다.

그렇다면 우주의 물질량은 얼마나 될까? 현재까지의 관측에

---

* 물질입자가 없는데도 왜 온도가 있는지 의문이 생길 수 있다. 이 온도는 실은 우주 전체에 퍼져 있는 마이크로파라고 하는 전자기파가 지니고 있는 온도다.

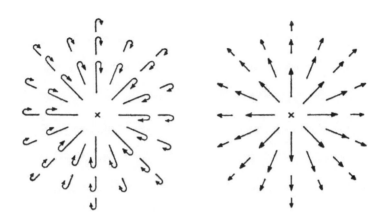

〈그림 2-19〉 우주는 계속하여 팽창하느냐 혹은 어딘가에서 수축하기 시작
하느냐? 그것은 우주의 총 물질량으로 결정된다

의하면 우주의 물질량은 수축하기 위해서 필요한 양의 몇 분의
1에서부터 수십 분의 1정도밖에 발견되지 않은 것 같다. 이 정
도라면 우주가 계속적으로 팽창하지는 않겠지만, 확실하지 않
다. 우주에는 어두워서 보기 힘들지만 매우 무거운 별(백색 왜
성이나 중성자별)이 있고, 또 자주 화젯거리로 등장하는 블랙홀
과 같이 질량은 크지만 빛을 내지 않는 별이 많이 있을지도 모
르기 때문이다. 그 밖에도 별과 별 사이의 공간에는 아직 관측
되지 않은 물질이 있을 가능성도 있다.

　이들 물질을 모두 포함시켰을 때, 우주가 계속하여 팽창할
것인지는 현재로서는 미해결로 남아 있는 과제인 것이다.

3장

열의 본성을 캔다

1. 열은 물질일까?

사우나에서 화상을 입지 않는 이야기

필자가 어떤 친구를 사우나에 데리고 갔을 때의 일이다. 사우나는 건조한 공기의 욕탕으로 피로나 스트레스를 푸는데 효과가 있다. 친구는 사우나탕 안의 온도계가 100℃를 가리키고 있는 것을 보고 깜짝 놀라며 「100도나 되는데도 어째서 아무렇지도 않을까? 더운 물이라면 큰 화상을 입을 텐데」 하고 이상하다는 듯이 말했다.

이 문제에는 여러 가지 일들이 관련되어 있다. 금방 생각이 미치는 것은 몸에서 나오는 땀일 것이다. 땀이 증발할 때는 몸에서 대량의 열을 빼앗아간다. 이것은 크게 관계가 있을 것이다. 다음으로 생각되는 것은 열이 전해지는 속도가 빠르다는 점이다. 공기는 무척이나 열을 전달하기 어려운 물질로, 물과 비교하면 24분의 1밖에 전달하지 않는다. 이 때문에 사우나 안의 온도계가 100℃를 가리키고 있어도, 인간의 몸에 극히 가까운 공기는 그보다 훨씬 낮은 온도로 되어 있다. 그리고 또 한 가지 생각할 수 있는 것은 물질의 데우기 쉬운 성질, 데우기 힘든 성질에 관한 문제다. 인간의 몸은 거의 물로 되어 있다. 물은 자연계에서 가장 데우기 힘든 물질이다. 반면 공기는 희박한 물질이기 때문에 인간의 몸을 조금만 데워줘도 금방 온도가 내려간다. 이들 요인 중에서 어느 것이 가장 큰 원인인지를 조사해 보면 퍽 재미있는 문제가 될 것이다.

이 사우나의 이야기에서는 열이니 온도니 하는 말을 아무 설

〈그림 3-1〉 100℃의 사우나탕에서 왜 화상을 입지 않을까?

명도 없이 사용해 왔다. 그러나 평소에 무심히 쓰고 있는 열이니 온도니 하는 것은 도대체 어떤 것일까? 3장의 첫 번째 테마인 열의 본성을 생각해 보기로 하자.

플로지스톤—물질은 왜 연소하는가?

야영을 가서 모닥불을 보고 있노라면 이상한 기분이 든다. 불길의 미묘한 움직임은 언제까지고 보더라도 싫증이 나지 않는다. 불에는 사람을 끌게 하는 무엇이 있는 것 같다.

모닥불의 불길이나 촛불을 우선 소박한 시선으로 바라보자.

즉, 「물질이 타는 것은 산화(酸化)이다」라고 하는 현재 우리가 지니고 있는 지식을 버리고, 그저 그대로 연소(燃燒)를 관찰

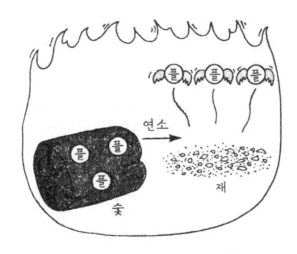

〈그림 3-2〉 연소하는 물질은 플로지스톤을 함유한다는
사고방식

해 본다. 물질을 만들고 있는 원소에 관해서도 잠시 잊어버리기로 하자.

이렇게 생각할 때, 퍼뜩 머리에 떠오르는 것은 「무엇인가 불의 근원이 되는 공통의 물질이 초나 숯에 포함되어 있지 않을까?」 하는 생각이다. 이와 같은 물질을 플로지스톤(phlogiston)이라고 부르기로 하자. 플로지스톤이란 무엇인가?

① 플로지스톤은 불의 원인이며, 자연계에 널리 존재하는 미세한 입자이다.

② 타는 물질은 모두 플로지스톤을 함유하고 있으며 연소할 때 이것을 방출한다. 나무나 숯은 플로지스톤을 많이 함유하고 있기 때문에 잘 탄다.

이와 같은 소박한 생각으로도 물질의 연소를 잘 설명할 수 있다는 점에 주의하자. 이를테면 「왜 연소에는 공기가 필요하냐?」라고 묻거든 「공기는 연소에 의해서 튀어나오는 플로지스톤을 받아들이기 위해서 필요한 것이다」라고 대답하면 된다. 또 「초에 컵을 씌우면 왜 불이 꺼지느냐?」 하고 묻거든 「공기가 플로지스톤으로 포화되어 버리면, 그 이상 플로지스톤을 받아들일 수가 없어서 연소가 멎어버린다」고 대답할 수 있다.

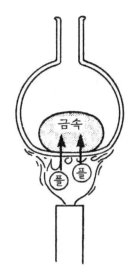

〈그림 3-3〉 불길로부터 플로지스톤이 금속으로 들어가서 무거워진다?

이와 같은 플로지스톤설에도 물론 약점이 있다. 과연 무엇일까 ?

보통의 금속은 급격하게 타버리는 일은 없고 조금씩 녹이 슬어 가지만, 나트륨이나 마그네슘 등은 세차게 타오른다. 금속이 탄 뒤에는 금속재(金屬材)라고 불리는 물질이 남는다. 그리고 본래의 금속보다 금속재가 무거워진다.

플로지스톤설은 이것을 「외부로부터 데워주고 있는 불길 속의 플로지스톤이 용기를 통과하여 금속과 결합하기 때문에 금속이 무거워진다」라고 설명했다. 그러나 이것은 좀 궁색한 설명이다.

열의 물질 칼로리

이 플로지스톤설의 약점은 다음과 같은 실험을 통해서 누구나 명확하게 알 수 있다(그러나 이 실험은 위험하기 때문에 함

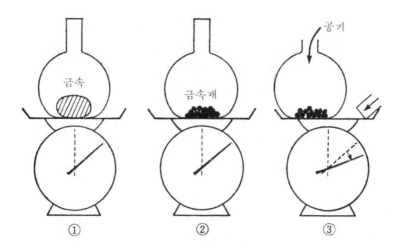

〈그림 3-4(a)〉 가열하기 전 ①과 가열한 후 ②는 같은 무게이다. 가열한 후
용기를 열면 ③의 무게가 증가한다. 어째서일까?

부로 해서는 안 된다).

① 먼저 금속을 밀폐한 용기 속에 넣어 전체 무게를 측정해둔다.

② 다음에는 이 용기를 밀폐한 채로 바깥에서 불로 가열하여 금속
   을 연소시키고 전체 무게를 측정한다.

③ 용기를 열어서 전체 무게를 측정한다.

이렇게 하면 ①과 ②의 무게는 같고 ③의 무게는 그보다 증
가해 있는 것을 알게 된다.

한편 용기를 사용하지 않은 채로 금속만의 무게와 그것을 연
소시킨 금속재의 무게를 측정한다. 그리고 이 양쪽 무게의 변
화를 비교해 본다. 그러면 ②로부터 ③으로의 무게의 증가와
금속이 금속재로 될 때의 무게의 증가가 꼭 같아지는 것을 알
수 있다. 이 결과는 용기 속에서 금속이 탈 때는, 금속은 공기

〈그림 3-4(b)〉 금속을 가열하면 무거워진다

의 일부와 결합하고 용기를 열면 그때 상실된 몫만큼의 공기가 외부에서 보충된 것으로 해석할 수 있다. 이때의 금속과 결합한 공기는 물론 산소이다.

이렇게 해서 연소하는 물질 속에 플로지스톤이 함유된다고 생각할 필요가 없어지고 또 「연소란 산소와의 결합이다」라고 하는 것이 확실해졌다.

이와 같은 올바른 연소이론을 확립한 사람이 근대 화학의 아버지라 불리는 라부아지에(A. L. Lavoisier)이다. 그런데 이 이론의 입장에서 열에 관해서 생각해 보면 「물질이 산소와 결합할 때 왜 열이 발생하느냐?」고 하는 새로운 문제가 발생함을 알게 된다. 라부아지에는 「열의 원소가 산소에 포함되어 있다」고 생각하여 그 원소를 칼로리(calorie)라고 명명했다.

그러면 이 칼로리와 부정된 플로지스톤은 어떻게 다를까?

이 둘은 얼핏 보기에는 비슷하지만 실은 큰 차이가 있다.

① 플로지스톤설에서는 연소를 파악하는 방법이 틀렸으나 칼로리설에서는, 연소란 산소와의 결합(산화)이라는 것이 올바르게 파악되고 있다.

② 플로지스톤은 무게를 지녔지만 칼로리는 빛과 마찬가지로 무게를 지니지 않는다. 즉 플로지스톤은 물질도 대변(代辨)하고 있지만, 칼로리는 에너지를 대표하고 있다.

라부아지에와 같이 열을 어떤 종류의 물질원소라고 하는 사고방식을 **열의 물질설**이라고 한다. 우리는 고온의 물체로부터 저온의 물체로 열이 이동하는 것을 볼 때 무엇이 흐르고 있다고 느낀다. 이때 흐르고 있는 것은 칼로리와 같은 미립자라고 주장하는 것이 물질설(物質設)이다. 원자나 분자를 생각하지 않고 열을 거시적(macro)으로 보는 한에서는 이것으로 많은 열현상을 설명할 수 있다. 그러나 원자나 분자의 수준, 즉 미시적으로 열을 보았을 경우에는 이 흐르고 있는 것이란 도대체 무엇일까? 이 물음에 대한 진정한 대답이 열의 운동설(運動設)이다.

2. 열은 운동이다

럼퍼드의 대포실험

우선 재미있는 문제 한 가지를 생각해 보자.

대포에 포탄을 재어 화약을 발화시켰을 때와 포탄을 재지 않고

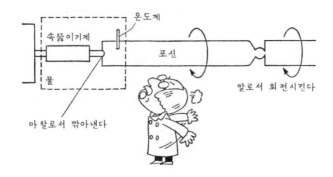

〈그림 3-5〉 대포의 포신을 뚫는 장치. 계속하여 포신을
깎아내자 마찰열로 물이 끓었다

같은 양의 화약을 발화시켰을 때는 어느 쪽 대포의 포신이 뜨거워
질까?

이 문제에 처음으로 주목한 사람은 럼퍼드(B. T. von Rumford)
이다. 그는 포탄을 재지 않고 발화시켰을 때가 포신이 훨씬 뜨
거워진다는 사실을 발견했다. 어째서일까? 이 문제를 생각하면
서 열의 운동설을 조사해 보기로 하자.

열의 물질설의 약점은 무엇일까? 물질설은 연소도, 열의 전
도도 잘 설명할 수 있다. 그러나 열에는 또 한 가지 잊어서는
안될 현상이 있다. 그것은 마찰에 의한 열의 발생이다.

인류가 최초에 불을 만들 수 있게 된 것은 마찰열 덕분인데,
실은 이와 같은 신비한 현상 속에 열의 비밀을 푸는 열쇠가 숨
겨져 있었다. 어느 날 럼퍼드는 대포의 포신을 만들 때 포신
속을 뚫는 작업을 지휘하고 있었다. 그는 포신을 뚫는 작업을
할 때 놀랄 만큼 대량의 열이 발생한다는 사실을 알고 다음과
같은 실험을 계획했다.

대포의 포신을 뚫는 작업에 필요한 장치는 〈그림 3-5〉와 같이 말을 사용하여 포신을 회전시키게 되어 있다.

럼퍼드는 이 장치의 마찰열이 발생하는 부분 주위에 수조를 만들었다. 그리고 2시간 30분 동안의 장시간에 걸쳐 포신을 회전시켰더니 놀랍게도 물이 펄펄 끓어올랐다. 이 실험을 보고 있던 주위 사람들의 「놀라움과 곤혹한 표정은 표현하기조차 어렵다」라고 그는 기록하고 있다.

이 실험과 같이 마찰에 의하면 열은 무제한으로 발생하기 때문에, 열의 물질설에서는 무한히 물질을 만들어 낼 수 있다고 되어 버린다. 이것은 좀 이해하기 곤란하다. 따라서 열은 물질이 아니라 어떠한 운동이라고 생각하지 않을 수 없다.

그러나 이것으로써 열이 운동이라고 하는 것이 누구에게나 명확하게 이해된 것은 아니다. 왜냐하면 다음의 두 가지 문제가 아직 해명되지 못했기 때문이다.

① 마찰에 의해서 어느 정도의 일로부터 얼마만큼의 열이 발생하는지를 알 수 없다.

② 열은 운동이라고 하지만, 무엇의 어떠한 운동인지가 명확하지 않다.

줄의 섬세한 실험

그런데 위의 두 가지 문제 중 첫 번째 문제, 즉 일과 열의 관계를 먼저 생각해 보자. 이 관계를 정확하게 측정하려면 지극히 정밀한 실험이 필요하다. 이 측정에 처음으로 성공한 사람이 유명한 줄(J. P. Joule)이다. 이 실험을 간단히 소개해 보겠다.

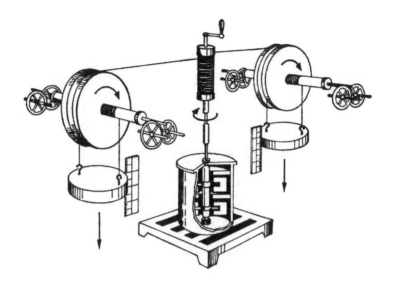

〈그림 3-6〉 줄의 실험. 추가 낙하할 때의 일로 수온이 올라간다

〈그림 3-6〉이 실험 장치이다. 좌우에 있는 두 개의 추를 가만히 떨어뜨리면 중앙의 수조 속에 있는 날개바퀴가 물을 휘젓는다.

그러면 물끼리의 마찰에 의해서 아주 조금이기는 하지만 열이 발생할 것이다. 수조에 넣은 온도계로 수온의 상승을 측정하면 발생하는 열량을 계산할 수 있다. 실제로 해보면, 추 1개를 10㎏, 낙하거리를 1.6m로 하여 추를 20번 낙하시켜도 온도의 상승은 0.3도밖에 안 된다. 또 물로 조사할 뿐만 아니라 다른 물질(이를테면 수은)에서도 같은 양의 일에 대해 발생하는 열량이 같다는 것을 확인할 필요가 있다. 이와 같은 실험결과로 현재에는 다음의 관계를 알고 있다.

「4.19J(줄)이 하는 일은 항상 1cal(칼로리)의 열량으로 변환된다.

반대로 1cal의 열이 일로 바뀔 때는 4.19J의 일이 얻어진다」

줄은 일의 단위이고 칼로리는 열량의 단위인데, 이 4.19J= 1cal라고 하는 관계식은 단순히 이 두 단위 사이의 관계를 가리키고 있는 것이 아니다. 이 식은 역학(力學)과 열학(熱學) 사이의 징검다리 구실을 하는 중요한 식이다. 역학적인 여러 가지 일이 열로 바뀔 때는 반드시 이 관계식을 정확하게 따르고 있다. 반대로 엔진 등으로 열을 일로 바꿀 때도, 상실되는 열량과 만들어지는 일 사이에는 언제나 이 관계가 있다.

이와 같이 항상 일정한 비율로 일이 열로 바뀌거나, 열이 일로 바뀌거나 하는 사실(열과 일의 상호전환)이 열의 운동설을 강력하게 지지하고 있다. 왜냐하면 열의 물질이 일로 변화하거나, 일로부터 열의 물질이 생긴다고 하는 것은 도무지 생각하기 어렵기 때문이다.

에너지는 불멸이다

어떤 양의 일로부터는 반드시 일정한 양의 열이 발생하고 그 반대도 성립한다는 것은, 열과 일의 쌍방에 공통적인 무엇이 존재한다는 것을 암시하고 있다. 이 무엇인가를 에너지라고 부른다. 에너란 무엇일까?

높은 곳에 있는 물체는 아래로 떨어질 때에 일을 한다(이를테면 수력발전). 또 운동을 하고 있는 물체도 멎을 때에 일을 한다(이를테면 풍력발전). 이와 같이 일을 하는 능력이 있다는 것을 에너지를 지녔다고 한다. 높은 곳에 있는 물체가 지니는 에너지를 위치에너지, 운동 중인 물체가 지니는 에너지를 운동에너지, 이 둘을 합쳐서 역학적 에너지라고 부른다. 한편 열도 엔진 등으로서 일을 할 수 있으므로 이것을 열에너지라고 부른다.

이와 같이 에너지라는 말을 사용하면 마찰 등으로 열이 발생하는 경우에는 상실된 역학적 에너지의 몫만큼 열에너지가 발생하고 있음을 안다. 이것을 바꿔 말하면

「역학적 에너지와 열에너지의 합은 변화하지 않는다」

라는 **열역학 제1법칙**이 얻어진다.

에너지에는 이 밖에도 전기에너지, 전자기파 에너지, 화학적 에너지, 핵에너지 등이 있다. 이들 에너지는 이를테면 모터에 의해서 전기에너지가 역학적 에너지로 전환되듯이 서로가 변화를 하지만 그 총계는 결코 변화하지 않는다. 즉 외부와 에너지를 주고받는 일이 없다면, 에너지는 여러 가지 형태로 전환하더라도 모든 종류의 에너지의 총계는 변화하지 않고 일정하게 보존된다. 이것이 에너지 보존법칙이다.

이 법칙은 에너지가 어디서 갑자기 솟아나오거나, 어디서 소멸해버리는 따위의 일이 결코 일어나지 않는다는 것을 가리키고 있으며, 물리학의 가장 기본이 되는 법칙의 하나다.

그렇다면 럼퍼드의 실험에서 언급한 현상, 즉 대포에 포탄을 재지 않고 발화했을 때가 포탄을 쟀을 때보다 포신이 뜨거워지는 현상의 이유가 이 에너지 보존법칙으로 명확해진다. 화약으로부터 나오는 열에너지는 어느 것도 같지만, 포탄을 재어서 발화했을 때는 그 열에너지의 일부가 포탄의 운동에너지로 되어서 도망쳐 버린다. 따라서 그 몫만큼 포신에 남는 열이 적은 것이다.

3. 열운동을 관찰한다

분자는 돌아다닌다

열의 정체로 이야기를 되돌리자.

줄의 실험에 의해서 열의 정체가 운동이라는 것이 밝혀졌지만, 「그렇다면 열은 무엇의 어떠한 운동이냐?」 하는 문제는 아직 명확하지 않다. 이 문제에 관한 답이 기체분자운동론(氣體分子運動論)이라고 불리는 이론이다.

이 이론은 「열의 정체는 분자의 무질서한 운동(열운동)이다」라고 하는 가정으로부터 기체의 성질(압력 등)을 설명하려는 것이다. 이를테면 세찬 빗속에 저울을 두면, 빗방울이 저울 위의 받침대를 계속하여 세게 두들기기 때문에 저울의 지침이 이동한다. 분자운동론에서는 기체의 압력이라고 하는 것은, 비와 마찬가지로 기체분자가 용기의 벽을 두들기는 힘이 평균된 것이라고 생각한다.

좀 더 자세히 기체분자의 운동을 생각해 보자. 분자의 운동은 무질서하여 모든 방향으로 움직이고 있는데, 여기서는 간단하게 설명하기 위해 분자는 상하로만 운동하는 것으로 해두자(이와 같이 논의한들 본질은 손상되지 않는다). 그러면 피스톤을 눌러 실린더 속의 기체를 압축해 보자. 이때 기체의 압력이 증가하는 동시에 기체의 온도상승이 관측된다(기체는 압축하면 온도가 올라가고 팽창하면 온도가 내려간다).

압축하면 압력이 증가하는 사실을 분자운동으로부터 어떻게 설명하는 것일까? 분자 수준에서 생각하면 두 가지 이유를 들

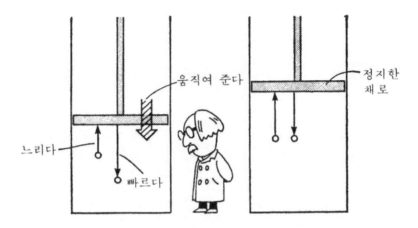

〈그림 3-7〉 피스톤을 누르면 튕겨 나오는 분자는 충돌 전보다 빨라진다

수 있다.

하나는 분자가 피스톤에 충돌했을 때, 피스톤이 기체를 압축하고 있으면 다시 튕겨지는 분자의 속도가 충돌 전보다 커지는 점이다. 분자가 빨라지면 그 후 분자가 실린더의 벽이나 피스톤에 충돌할 때 주는 힘은 당연히 커지게 마련이다. 또 하나의 이유는 기체의 부피가 작아지기 때문에 분자가 왕복하는 거리가 짧아지고, 충돌 횟수가 많아진다는 점이다(분자가 빨라지고 있는 것도 충돌 횟수를 증가시킨다). 이와 같이 분자운동론은 압축에 의한 기체의 압력증가를 잘 설명할 수 있다.

마침내 파악한 열과 온도의 본성

그렇다면 또 한 가지, 기체를 압축했을 때의 온도상승은 어떻게 생각해야 할까? 여기서 드디어 온도란 무엇이냐? 열이란 무엇이냐고 하는 열학의 근본문제를 밝힐 때가 왔다.

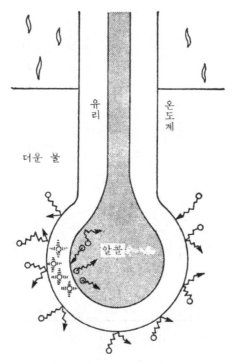

〈그림 3-8〉 온도를 측정한다. 더운 물의 분자의 세찬 운동이 유리분자의
진동을 통해서 알코올 분자로 이동한다

　기체를 압축했을 때 분자수준에서 일어나고 있는 것은 단 한
가지밖에 생각할 수 없다. 그것은 분자의 속도가 증가하고 있
는 점이다. 즉 분자 전체의 열운동에너지가 증대하고 있는 것
이다. 이때 외부로부터 기체를 관찰하고 있는 우리는 기체가
따뜻해지고 열이 발생했다고 느낀다.
　따라서 지금까지 우리가 열량이라든가 열에너지라고 부르던
것은 실은 분자의 열운동에너지라고 생각할 수 있다. 즉,

　　　　　　열 = 분자의 열운동에너지

이것이 물리학이 주는 열의 본성에 대한 올바른 대답인 것이다.

그러면 또 하나, 온도란 무엇일까? 이를테면 더운 물의 온도를 측정하는 경우를 생각해 보자. 더운 물에 담근 온도계의 눈금이 자꾸 올라갈 때 어떤 일이 일어나고 있을까? 분자 수준에서 생각하면 더운 물의 분자의 세찬 운동이 먼저 온도계의 유리의 분자를 맹렬하게 진동시키고, 다음에는 유리 분자의 진동이 알코올 분자의 운동으로 전달된다. 알코올은 분자의 운동이 격렬해지면 팽창한다.

우리는 이 알코올의 팽창을 보아 온도를 측정하고 있다. 즉 우리가 측정하고 있는 것은 사실은 분자의 열운동의 세기이다. 이렇게 해서 온도란 분자의 열운동의 세찬 정도를 나타내는 척도라는 것을 알 수 있다. 이것을 물리학에서는 「온도란 분자의 열운동의 세기를 나타내는 척도이다」라고 표현한다.

이리하여 기체분자운동의 이론으로 열과 온도의 본성이 밝혀졌다. 다시 이 이론을 사용하여 좀 복잡한 계산을 하면 기체분자의 평균 운동에너지는 절대온도에 비례한다는 결과가 얻어진다(절대온도란 약 -273℃를 0도로 한 온도눈금). 또 분자의 평균속도도 계산할 수 있으며, 이를테면

	0℃	100℃
수소	1800m/s	2150m/s
산소	460m/s	540m/s

정도가 된다.

여기까지 오면 「분자의 속도까지도 구해졌으니까 열이 운동이라고 하는 것은 의심할 여지가 없다」고 생각하고 싶어진다.

그러나 사실은 아직 한 가지가 개운치 않은 문제로 남아 있다. 그것은 「누구도 분자가 운동하고 있는 것을 본 적이 없다」고 하는 매우 단순한 일이다. 기체를 보아도 분자가 앞에서와 같은 속도로 움직이고 있다고는 전혀 느껴지지 않는다. 분자의 운동을 관찰하는 것은 불가능할까? 실은 간단한 한 가지 방법이 있다. 그것이 다음에서 설명하는 브라운 운동이다.

브라운 운동을 관찰하자

식물학자인 브라운(R. Brown)은 어느 날 식물의 꽃가루를 확대경으로 관찰하고 있다가, 그 사이에 꽃가루가 갈라져서 무수한 미립자가 튀어 나오고, 그 입자가 무질서하게 운동하고 있는 것을 발견했다. 그는 크게 놀라며 이것이야말로 생명현상의 증거가 아닐까 생각했다.

브라운 운동은 100배 정도의 현미경으로 누구라도 관찰할 수 있다. 백합 등의 꽃가루를 재료로 하면 브라운이 발견했을 때와 같은 현상을 볼 수 있다. 더 간단하게 관찰하고 싶으면 우유 한 방울을 $10cc$ 정도의 물로 희석하여 현미경으로 관찰하면 지방입자가 팔딱팔딱 움직이는 것을 볼 수 있다.

이 브라운 운동의 원인은 좀처럼 포착할 수 없어 여러 가지 설이 나왔는데 그것은

(1) 브라운이 생각한 것처럼 생명현상의 증거이다.

(2) 외부에서부터 와 닿는 빛의 에너지에 의한 것이다.

(3) 미립자의 상호 반발력에 의한 것이다.

(4) 전기적인 힘에 의한 것이다.

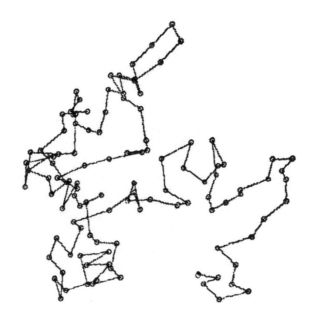

〈그림 3-9〉 마이컴에 그리게 한 미립자의 브라운 운동

등등 이었다.

그러나 브라운 운동을 자세히 관찰하면 다음과 같은 특징이 있음을 알게 된다.

① 분필 가루나 석탄가루 등 어떠한 미립자라도, 어느 정도보다 작으면 반드시 브라운 운동을 한다. 따라서 생명과는 관계가 없다.

② 브라운 운동은 외부로부터의 영향에 의한 것이 아니다. 이를테면 액체를 몇 주간이나 어둠 속에 보존하거나, 몇 시간을 가열해도 상관없다.

③ 운동은 관측하고 있는 한 줄곧 계속되고 결코 멎지 않는다.

④ 액체의 점성이 클수록 운동의 활발함이 작아진다.

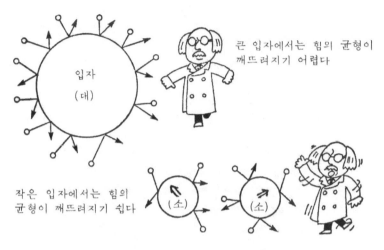

〈그림 3-10〉 작은 입자일수록 맹렬하게 움직인다

⑤ 운동은 미립자가 작을수록 맹렬하다. 미립자의 지름이 0.04㎜
   이상이 되면 운동은 거의 관측되지 않는다.

특히 ⑤의 작은 미립자일수록 운동이 맹렬하다는 것은 중요한
일이다. 이것은 미립자가 자신의 힘으로 운동하고 있는 것이 아
니라, 주위로부터 떠밀려서 움직이고 있다는 것을 암시한다. 즉
브라운 운동의 원인은 미립자 자신에 있는 것이 아니라, 주위로
부터 무질서하게 충돌하는 물의 분자에 있다. 따라서 큰 미립자
에서는 충돌하는 분자에 의한 힘이 평균화되어 미립자의 움직
임이 둔해진다. 반대로 미립자가 작을수록 충돌하는 분자에 의
한 힘의 균형이 무너지기 쉽고 미립자는 맹렬하게 움직인다.

분자의 수를 계산

이 미립자의 운동을 보고 있으면 팔딱팔딱 진동하고 있거나

때때로 휙 이동하거나 해서 매우 재미있다. 마치 술에 취한 사람이 비틀비틀 걸어가고 있는 것과 같아서, 어디로 움직일 것인지 또 시간과 더불어 최초의 위치에서 어느 정도로 벗어나게 될 것인지 전혀 예상할 수 없다. 입자 하나하나가 각각 운동하기 때문에, 이 운동에 관해서 어떤 법칙이 성립하리라고는 보통 생각할 수 없다. 그런데 이와 같은 경우에는 물리학이 흔히 이용하는 통계라는 방법이 도움이 된다. 하나하나의 입자의 운동에 관해서는 예측할 수 없어도, 수많은 입자의 운동을 평균화하면 어떤 법칙이 성립한다. 여기서는 통계적인 처리가 장기인 마이컴에 시켜보기로 하자(그림3-11). 이와 같이 실제로 실험하는 대신 같은 조건으로 컴퓨터에 계산하게 하는 방법을 시뮬레이션(simulation: 모의실험)이라 부르는데, 이것도 자주 사용되는 방법이다.

〈그림 3-11〉의 원의 중심에서 수많은 입자를 무질서하게 운동하게 하여, 일정한 시간 후에 입자가 도달한 곳에 작은 점을 표시한다. 그림의 원은 이들 입자의 평균 이동거리를 반지름으로 하여 그린 것이다. 출발하고 부터의 시간이 $T = 10, 40, 90$인 때의 세 가지 그림을 비교해 보자. 평균 이동거리 R이 1:2:3으로 되어 있음을 알 수 있다. 이 평균 이동거리를 제곱하면 1:4:9가 된다. 이것은 시간의 비와 같다. 이리하여 분자의 평균 이동거리의 제곱이 시간에 비례하고 있다는 것을 안다. 이것을 식으로 나타내면

$$(평균거리)^2 = k \times 시간$$

이 된다. 이 비례상수 k를 계산으로 구하면,

$$(평균거리)^2 = \frac{2RT}{N_A f} \times 시간$$

이 된다. 이 식에 쓰인 문자는

    R 기체상수

    T 절대온도

    f 액체의 저항

이라고 불리는 양으로, 이들의 값은 모두 측정이 가능하다. 그렇게 하면 마지막에 남은 N_A는 계산으로 얻어질 것이다. 이 N_A야말로 아보가드로(A. Avogadro)수라고 불리는 중요한 양으로서, 1mol(몰)의 분자의 총수인 것이다.*

이 아보가드로수를 구하는 실험은 패랭(J. B. Perrin)에 의해 이뤄졌고

$$N_A = 6.0 \times 10^{23}개$$

라는 것을 알아, 이 실험으로 마침내 분자의 개수를 셀 수 있게 되었다.

브라운 운동의 연구로 분자, 원자의 존재와 그 열운동이 최종적으로 확인된 것은 의외로 늦어서 20세기로 접어든지 10년쯤 지나서의 일이었다.

전자레인지라고 하는 조리 장치가 있다. 히터가 달린 것이 많지만 본래는 히터 없이 음식물을 데우는 것이 이 장치의 특징이 다. 왜 히터가 없는데도 물질이 데워지는가? 이런 곳에도

---

* 1mol은 기체의 경우 0℃, 1기압에서 22.4ℓ의 부피를 차지하는 물질의 양을 말한다.

$T=10$, $R=11.0742$

$T=40$, $R=22.0973$

$T=90$, $R=33.8091$

〈그림 3-11〉 패랭의 실험의 마이컴에 의한 시뮬레이션. 시간의 비는
1:4:9=1:2^2:3^2, 입자의 평균 이동거리의 비는 1:2:3

열의 정체에 대한 암시가 있다. 전자레인지는 전자기파를 사용하여 음식물의 분자를 직접 진동시킨다. 이 진동이 열운동이다. 그러므로 음식물은 타지도 않고 내부에서부터 데워지게 된다.

4. 열이 지니는 또 하나의 비밀

도시는 왜 더운가?

최근 도시의 여름더위에는 진절머리가 난다. 콘크리트, 아스팔트의 반사열, 공장과 자동차의 폐열, 그리고 또 하나로 쿨러의 폐열도 있다. 도시 전체로 열오염(熱汚染)이 퍼져 있다.

도시의 무더위 속에 열의 제2의 비밀, 그 취급의 곤란성이 숨어 있다. 도시에서 사용되는 전기, 가스, 석유 에너지는 기계나 자동차를 움직이거나, 쿨러와 같이 방을 식히거나 한 뒤 마지막에는 모두 열로 바뀌어 버린다. 대도시가 사용하는 에너지, 즉 폐열의 총량은 쏟아지는 태양열의 10%에 가깝다고 한다. 즉 태양이 10%쯤 커진 것과 같다. 이것은 매우 곤란한 일이다.

이 열을 다루기 어려운 원인은 어디에 있을까? 그 힌트는 누구나 알고 있는 현상 속에 숨겨져 있다. 온도가 다른 두 물체를 접촉시켜 두면 고온인 물체에서 저온인 물체로 열이 흘러간다(열전도). 그런데 이 열이 거꾸로 흐르는 일은 자연적으로는 결코 일어나지 않는다. 마찬가지 일은 잉크가 물 전체로 퍼지는 현상(확산)이나 기체의 진공으로의 팽창에서도 볼 수 있다.

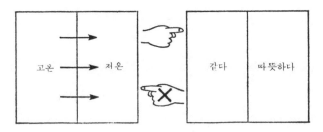

〈그림 3-12〉 비가역 현상. 같은 온도인 물체의 열이 고온과
저온으로 갈라지는 일은 없다.

이와 같은 현상을 비가역현상(非可逆現象)이라고 부르는데, 이
열의 비가역성이 3장의 두 번째 주제이다.

일방통행인 열현상에서 역학의 운동은 마찰이나 공기저항이
없으면 반대방향으로도 진행할 수가 있다. 금방 떠오르는 것은
예의 진자의 운동일 것이다. 진자는 우→좌로 진행하여 다시
좌→우로 역행해서 최초의 상태로 되돌아간다.

또 포물운동의 경우에도 용수철로 본래의 방향으로 다시 튕
겨주면 공은 완전히 반대로 운동하여 본래로 되돌아 올 수 있
다. 이것을 가역현상(可逆現象)이라고 한다.

필름을 역회전하면

이상과 같은 두 종류의 현상을 구별하는 데는, 이것들을 영
화로 찍어서 필름을 역회전시켜 보는 것이 제일 알기 쉽다. 이
렇게 하면 열전도나 확산은 아주 부자연스럽게 보이지만, 역학
운동은 극히 자연스럽게 보여서 거꾸로 돌렸는지 어떤지도 알
수가 없다. 필름을 역회전하는 것은 시간의 진행을 역전시키고
있는 것이다. 이렇게 하여 두 종류의 현상은 다음과 같이 구별

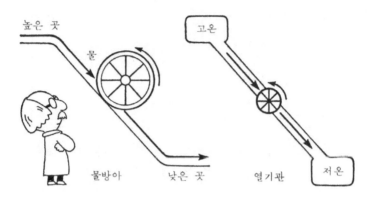

〈그림 3-13〉 열을 일로 바꾸는 데는 반드시 저온부가 필요하다

할 수 있다.

시간을 역으로 진행시켜도 자연스럽게 보이는 현상

······가역 현상

시간을 역으로 진행시키면 부자연하게 보이는 현상

······비가역 현상

열현상은 이와 같이 역으로 진행하지 않는 것이 최대 특징이다. 다음에는 그것이 지니는 의미를 더 깊이 생각해 보기로 하자.

별난 놈―열역학 제2법칙

고온의 물체로부터 저온물체로 열이 흘러가는 현상은 비가역이다(제1의 표현방법).

이것을 **열역학 제2법칙**이라고 한다. 그러나 이것만으로는 이 법칙의 중요성을 잘 알 수 없다.

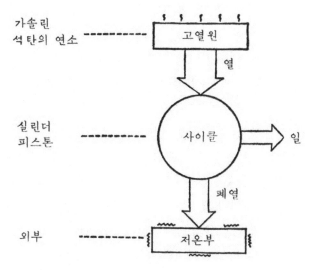

〈그림 3-14〉 열기관은 고열원으로부터 저온부로 이동하는 열
의 일부를 일로 변환한다. 이 때 폐열을 제로로
할 수는 없다

실은 이 법칙은 여러 가지로 다른 표현 방법을 할 수 있다.
그래서 이것을 바꿔 써보기로 하자. 열이 우리 사회에서 중요
한 역할을 하고 있다는 것은, 열로부터 여러 가지 동력을 얻을
수 있기 때문이다. 증기기관, 가솔린 엔진, 디젤 엔진 등과 같
이 열을 역학적인 일로 변환하는 기관을 통틀어 **열기관(熱機
關)**이라고 부른다. 이 열기관에 관한 기본법칙의 형태로서 열역
학 제2법칙을 나타내어 보자.

열을 일로 바꾸는 데는 높은 열원(熱源) 외에 저온부가 필요하다.
그리고 아무리 이상적인 열기관이라도 열을 모조리 일로 바꿀 수는
없으며, 반드시 쓸모없는 열(폐열)이 나온다(제2의 표현 방법).

열은 눈에 보이지 않기 때문에 물과 비교하면서 이 법칙을 생각해 보자. 물방아의 경우는 높은 곳에서 낮은 곳으로 물이 떨어질 때의 낙차를 이용하여 일을 끄집어낸다. 마찬가지로 열기관에서도 고온부에서 저온부로 열이 흘러갈 때에 일을 끄집어낸다. 이때에 저온부가 필요하다는 것은 너무도 당연한 일이어서 잊기 쉬운데 실은 중요한 일이다.

열기관 에너지의 흐름에서 세밀한 메커니즘은 보조리 생략하고 나타내면 〈그림 3-14〉와 같이 된다. 여기서 물방아와 열기관에는 한 가지 차이가 있는 것에 주의하자. 물방아의 경우 낮은 데로 떨어지더라도 물의 양이 줄어드는 일은 없다. 한편 열기관의 경우는 외부로 들어낸 일의 몫만큼 열이 감소하고 있다. 이것은 에너지 보존법칙에 의해서

고온부로부터의 열 = 외부에 대해서 하는 일 + 폐열

로 되는 것으로부터 이해할 수 있다.

열역학 제2법칙은 이 폐열을 제로로 하는 것은 원리적으로는 불가능하다는 것을 주장하고 있다. 「원리적으로」라고 말하는 것은 기술적인 개량을 아무리 해도 불가능하다는 뜻이다. 주목해야 할 점은 에너지 보존법칙(열역학 제1법칙)은 폐열을 제로로 하는 것을 금지하고 있지 않다는 점이다. 즉, 열역학 제2법칙은 제1법칙과는 다른 독자적인 주장을 포함하고 있다.

젊은 천재—카르노

열기관의 원리를 해명하여 열학의 기초를 완성한 사람이 카르노(N. L. S. Carnot)이다.

〈그림 3-15〉 열의 연구에 큰 공적을 남긴 카르노

　카르노는 프랑스혁명 이후 산업혁명이 발생해 증기 기관이 산업의 중심으로 활약했던 시대의 사람이다.

　「열이야말로 지구 위에서 우리가 볼 수 있는 대규모의 운동의 원인이 되는 것이다. 대기의 요란, 구름의 상승, 강우, 그 밖의 모든 대기현상 그리고 또 지구 표면에 도랑을 파면서 나아가는 물의 흐름 등은 열에 의한 것이다. 인간은 그것의 극히 일부를 이용하고 있는 데 지나지 않다. 지진이나 화산이 폭발하는 원인도 열에 있다」(카르노 『열기관의 연구』)

　카르노의 문장을 읽으며 부르주아 혁명과 산업혁명이 힘차게 진행하고 있던 시대의 젊은 숨결이 전달되어 온다. 당시는 과학의 진보와 사회의 진보는 같은 것으로 생각되었고 현대와 같이 모순에 시달리는 일은 없었다.

　카르노는 젊은 나이에 단 한 편의 논문에 열기관의 기본법칙을 발표했다. 그러나 그의 이론이 너무나 독창적이었기 때문인지, 같은 시대의 학자들에게는 인정받지 못한 채 36살의 젊은 나이에 병으로 쓰러져 버린다. 때마침 수학의 천재 갈루아(E. Galois)가 20살의 젊은 나이로 보수파의 음모에 의해 죽임을 당한 같은 해의 일이었다.

그러면 제2법칙의 이야기로 되돌아가자.

쿨러는 자연에 거역하다

방 안의 문을 모조리 닫아둔 채로 냉장고의 도어를 열어두면 방 안의 온도는 올라갈까? 내려갈까? 아니면 바뀌지 않을까?

이 문제는 냉각기(쿨러, 냉장고)의 원리에 관한 것인데, 이것도 제2법칙으로 설명할 수 있다. 제2법칙의 제3의 표현 방법을 취해보자.

저온부로부터 고온부로 열을 옮기기 위해 반드시 외부로부터 일을 가해 주지 않으면 안 된다(제3의 표현 방법).

냉각기라는 것은 펌프가 낮은 데서부터 높은 데로 물을 퍼 올리는 것과 마찬가지로, 외부로부터 일을 가함으로써 저온부로부터 고온부로 열을 퍼 올리는 장치다. 냉장고에서 저온부는 그 내부, 고온부는 방에 해당한다. 냉각기의 원리를 보이면 〈그림 3-16〉처럼 된다. 냉장고에서는 전기에너지로 모터를 돌리고 이것으로 열을 냉장고 바깥으로 몰아내고 있다.

이때 모터가 하는 일은 마찰 등으로서 마지막에는 모두 열로 바뀌어, 냉장고 안에서 외부로 내몰리는 열과 합류한다. 이렇게 하여 결국 저온부로부터 쫓겨나는 열보다 폐열이 모터에 의해서 이루어지는 일의 몫만큼 많아지게 된다.

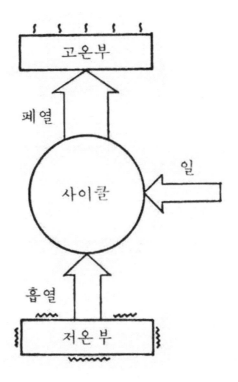

〈그림 3-16〉 냉각기는 저온부로부터 고온부로 열을 퍼 올린
다. 이때 반드시 외부로부터의 일이 필요하다

　따라서 냉장고를 계속 열어두면, 전기가 하는 일의 몫만큼
여분의 열이 발생하여 방 전체의 온도가 상승하게 된다. 쿨러
에서도 마찬가지이다. 필자는 농담으로 흔히 「쿨러를 사용하는
사람은 벌금을 물어라」 하고 말한다. 어느 가정에서 쿨러를 사
용하면 주위의 집은 폐열로 뜨거워진다. 전력의 사용량은 여름
에 최대가 되는데, 사용된 이 전기에너지는 모두 열로 되어서
도시 전체를 데운다.

어쨌든 냉각기라는 것은 모두 「고온부로부터 저온부로 열이 흘러간다」라고 하는 자연의 경향을 거역하는 것이다.

이상으로 열역학 제2법칙의 세 가지 표현방법을 살펴보았다. 여기서 제1과 제3의 표현 방법에 주목해 보자. 제1의 표현방법은

열은 고온부로부터 저온부로는 자연스럽게 흘러가지만, 역으로는 흐르지 않는다

는 것이었다. 그리고 반대로

저온부로부터 고온부로 열을 흘려보내는 데는 반드시 외부로부터 일을 가해 주지 않으면 안 된다

고 하는 것이 제3의 표현방법이다. 이 둘을 비교하면 열 현상이 비가역이라고 하는 것이 단번에 이해될 수 있을 것이다.*

히트펌프

저온인 데서부터 고온인 곳으로 열을 퍼내는 장치를 히트펌프라고 한다. 냉장고, 쿨러, 에어컨 등에는 모두 히트펌프가 사용되고 있다. 어째서 열의 자연스런 흐름을 역류시킬 수 있을까?

원리로서는 기체의 팽창과 압축이 이용된다. 냉장고로 생각해보자. 냉장고에서는 파이프 속에 프롬 등의 기체가 들어 있어 이것이 냉장고의 안팎을 순환하고 있다. 냉장고 안(저온)에서 기체를 팽창시켜 냉장고의 온도보다 차게 하

면, 냉장고 안으로부터 파이프로 열이 흘러 들어간다. 이 기체를 냉장고 바깥(고온)으로 가져와서, 이번에는 압축하여 냉장고의 바깥온도보다 높게 하면 열이 냉장고 바깥으로 흘러 나간다. 이 기체를 순환시키면 냉장고의 안으로부터 바깥으로 열을 퍼낼 수 있게 된다.

5. 열현상은 왜 비가역인가?

분자의 수가 너무 많으면……

아보가드로수 6.0×10^{23}개의 분자를 매초에 1개씩 밤낮도 없이 모조리 다 세려면 어느 정도의 시간이 걸릴까?

「어디 한번 세어 볼까」 하고 쉽게 생각해서는 안 된다(일생 동안을 세어도 셀 수가 없다). 그러나 모조리 다 계산하는데 소요되는 시간은 간단히 계산할 수 있으므로 꼭 해보기 바란다(답은 뒤에 나온다).

그런데 열전도와 같은 현상은 어째서 비가역이 되는 것일까? 열의 마지막 테마로서 이 문제를 생각해 보자.

우선 비가역 현상을 실제로 눈으로 보아주기 바란다. 이 현상은 열전도, 잉크의 확산, 기체의 진공으로의 팽창 등에서 공

---

* 제2법칙의 세 가지 표현방법은 모두 같은 것을 뜻하고 있지만, 여기서는 상세한 설명은 생략한다.

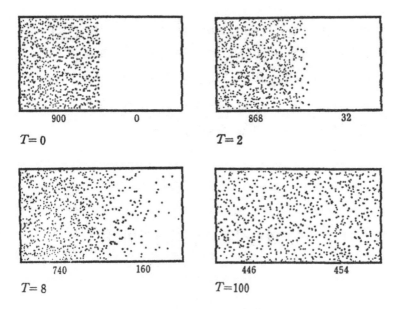

$T=0$

$T=2$

$T=8$

$T=100$

〈그림 3-17〉 마이컴에 의한 비가역현상의 시뮬레이션

통적으로 볼 수 있다. 〈그림 3-17〉은 900개의 점을 무질서하게 운동하게 하면, 시간과 더불어 점이 어떻게 분포되어 가는지를 마이컴으로 그리게 한 것이다. 점은 기체 분자라고 생각해도 좋고, 잉크의 미립자라고 생각해도 좋다.

최초에 모두 왼쪽 절반부분에 있었던 점은 시간과 더불어 전체로 확산해 가서, 마지막에는 좌우가 거의 절반씩의 상태로 되고 줄곧 그대로 있다. 좌우의 분자 수는 조금은 증감하지만 결코 최초의 상태로는 되돌아가는 일이 없다.

비가역현상은 역학으로는 설명할 수 없다. 여기서 현대 물리학에서 흔히 사용되는 확률(確率)이라고 하는 사고방식이 등장한다.

분자를 배급하면

먼저 시험 삼아 분자가 4개인 경우에 관해서 생각해 보자.

용기를 좌, 우의 반반으로 나누어 본다.

1개째의 문자를 용기에 넣으려 할 때, 분자를 좌로 넣는 경우와 우로 넣을 경우의 두 가지 분배방법이 있다. 다음에는 2개째의 분자도 마찬가지로 두 가지 분배방법이 있으므로 2개의 분자를 분배하는 방법은

2×2=4가지

가 있다는 것을 안다. 구체적으로 적으면 좌·좌, 좌·우, 우·좌, 우·우의 4가지가 된다. 3개째, 4개째를 넣는 방법도 같기 때문에 4개의 분자를 분배하는 방법은

$$2×2×2×2 = 2^4 = 16가지$$

가 있다는 것이 된다. 이 16가지의 분배 방법을 모조리 표로 만들어 보이면 〈그림 3-18〉과 같이 된다.

이것을 정리하면 〈그림 3-19〉와 같으며

모든 분자가 좌로 들어가는 확률 $\frac{1}{16}$

좌로 3개, 우로 1개의 확률 $\frac{4}{16}$

좌로 2개, 우로 2개의 확률 $\frac{6}{16}$

좌로 1개, 우로 3개의 확률 $\frac{4}{16}$

모든 분자가 우로 들어가는 확률 $\frac{1}{16}$

분자	1	2	3	4	
좌 4개 우 0개	좌	좌	좌	좌	1가지
좌 3 우 1	우	좌	좌	좌	4가지
	좌	우	좌	좌	
	좌	좌	우	좌	
	좌	좌	좌	우	
좌 2 우 2	우	우	좌	좌	6가지
	좌	우	우	좌	
	좌	좌	우	우	
	우	좌	좌	우	
	우	좌	우	좌	
	좌	우	좌	우	
좌 1 우 3	좌	우	우	우	4가지
	우	좌	우	우	
	우	우	좌	우	
	우	우	우	좌	
좌 0 우 4	우	우	우	우	1가지

합계   16가지

〈그림 3-18〉 4개의 분자와 우와 좌로 분배하는 방법의 전부

로 된다. 즉, 분자가 한쪽으로 모이는 확률은 작고, 좌우 반반
이 되는 확률이 가장 크다는 것을 알 수 있다.

4개의 분자에서는 확률의 차가 그다지 크지 않다. 다음에는
1,000개의 분자에 같은 일을 해 보자.

이 경우도 4개인 때와 마찬가지로 생각하면 좌와 우로의 분
배 방법은 모두에서

$$2 \times \underbrace{2 \times 2 \times \cdots\cdots \times 2}_{1000 \text{개}} = 2^{1000} \text{가지} = 10^{301} \text{가지}$$

로 된다. 이 가운데서 모든 분자를 좌로 넣는 분배 방법은 물
론 한 가지 밖에 없다. 한편 좌우 반반의 분배 방법은 계산해
보면,

$$10^{299} \text{가지}$$

나 된다.

따라서 분자가 모조리 좌로 쏠려버리는 확률은,

$$\frac{1}{10^{301}} = \underbrace{00.000 \cdots\cdots 01}_{300 \text{개}}$$

로 사실상 제로가 된다. 한편 좌우 반반씩으로 갈라지는 확률은,

$$\frac{10^{299}}{10^{301}} = 0.01$$

로 압도적으로 크다는 것을 알 수 있다.

이렇게 분자가 무질서한 운동을 하면 가장 확률이 높은, 즉
가장 일어나기 쉬운 좌우 반반의 상태로 옮겨가게 된다. 이상

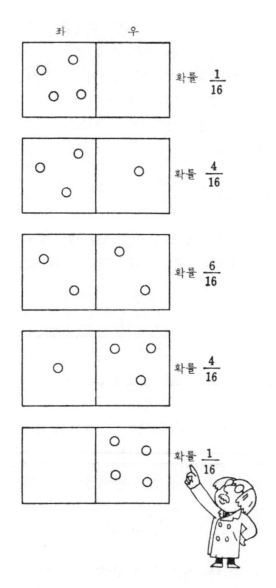

〈그림 3-19〉 한쪽으로 쏠리는 확률보다도 절반으로 갈라지는
확률이 크다

과 같이 확률이라는 사고방식을 사용함으로써 역학에는 없었던 비가역 현상을 설명할 수 있다.

1mol의 분자를 계산하면……

실제는 분자의 수는 물론 1,000개보다 훨씬 많아 1mol이면 6×10^{23}개나 된다. 이 수가 얼마나 큰지 감을 잡기 위해 1초에 1개씩 이것을 계산하면 얼마만한 시간이 걸릴까 하는 문제를 앞에서 내놓았다. 여기서 계산해 보기로 하자. 먼저 1년은

$$1년 = 365 \times 24 \times 60 \times 60초$$

$$\fallingdotseq 3 \times 10^7초$$

이다. 따라서 6×10^{23}개의 분자를 세는데

$$6 \times 10^{23} \div (3 \times 10^7) = 2 \times 10^{16}년$$

이 걸리게 된다. 이 수는 조(兆)의 단위를 넘고, 조의 1,000배인 경(京)이라고 하는 단위를 사용하여 2경 년(京年)이라고 표기된다. 우주의 역사를 크게 보아서 200억 년이라고 하더라도, 우주의 역사를 100만 번이나 되풀이해야만 셀 수 있는 것이다.

분자의 수가 많을수록 모든 분자가 용기의 한쪽으로 집합해 버리는 확률은 작아진다. 1mol의 분자에서는 이 확률은 극히 작으며, 설사 실현된다고 하더라도

$$10^{10^{10}}년$$

에 한 번 정도이다. 이렇게 되면 이제는 상상조차 할 수 없는 크기다.

질서로부터 무질서로

그런데 분자가 모조리 한쪽으로 쏠린 상태와 좌우에 반반씩으로 나눠진 상태를 비교하면, 쏠린 상태에는 질서가 있고 반반인 상태는 무질서하다고 볼 수도 있다. 이것은 이를테면 방안에 있는 책이 책장에 가지런히 정돈되어 있는 상태와, 책이 방안에 흩어져 있는 상태의 차이와 흡사하다. 열의 현상뿐 아니라 자연계에는

> 질서 → 무질서
>
> 정연 → 난잡

이라고 하는 방향으로 여러 가지 현상이 나아가는 경향이 있다. 아무리 튼튼하게 지은 집도 긴 역사를 겪는 동안에는 파괴되어 가고, 지극히 정교하게 되어 있는 생물의 신체도 그 죽음과 함께 산산조각으로 분해된다. 열역학의 제2법칙은 이 자연의 경향을 나타내고 있는 법칙으로서,

「자연계는 그대로 팽개쳐 두면 무질서성이 증가해 가는 경향이 있다」

고 넓게 해석할 수 있다. 이 무질서성의 정도를 가리키는 양을 엔트로피(entropy)라고 하며, 이 법칙을 엔트로피 증대법칙이라고 부르기도 한다.

열은 시간의 방향을 결정한다.

마지막으로 열과 시간에 관해서 한 마디 언급해 두겠다. 시간을 역방향으로 하면 열현상이 매우 부자연하게 보인다는 것

은 무엇을 의미하는 것일까? 이 사실은 관점을 바꾸면 「열현상은 자연계의 시간의 방향을 결정하고 있다」고 볼 수 있다. 얼핏 보기에 전혀 관계가 없다고 생각되는 열과 시간이 이와 같이 결부되는 것은 무척 흥미진진한 일이 아니겠는가?

4장

공간의 주인공, 전자기장이란 무엇인가?

1. 장을 생각해 보자

태양이 워프하면?

SF소설이나 영화에서는 우주선의 워프항법(warp航法)이라는 것이 자주 등장한다. 워프란 광속 이상으로 물체가 이동하는 것을 말한다.

전에 어떤 SF영화를 보았을 때 행성 전체를 워프시키는 이야기가 등장했다. 이야기의 줄거리는 다음과 같았다.

태양계에는 아직 발견되지 않았지만, 실은 아크에리어스라고 하는 물의 행성이 있고, 이것이 매우 긴 주기의 타원 궤도를 그리면서 태양 주위를 돌고 있다.

이 행성이 지구로 접근해 오면 지구에 큰 홍수가 일어난다. 성서(聖書)에 나오는 노아의 홍수에 관한 신화는 그때의 이야기다. 이 행성이 다음번에 지구로 접근하는 것은 수억 년 후의 일로 현재로서는 별로 걱정할 것이 없다. 그런데 …… 자기들이 살 별을 잃어버린 이성인(異星人)이 이 아크에리어스를 워프시켜 지구로 접근시켜서 지구를 정복하려 한다…….

이 영화를 보고 있던 중에 한 가지 기묘한 문제가 필자의 머리에 떠올랐다. 그것은 다음과 같은 것이었다.

가령, 태양을 워프시켜 태양계 부근으로부터 순식간에 소멸시킬 수 있다고 하자. 이 경우 지구의 인류가 태양이 없어졌다는 사실을 알게 되는 것은 태양이 소멸한 순간일까 아니면 얼마쯤 시간이 지나고 나서일까?

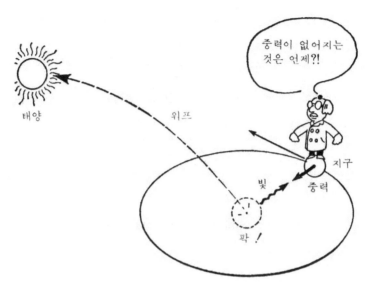

〈그림 4-1〉 태양이 갑자기 소멸되면 지구에서는 언제 알게 될까?

중력은 어떻게 전하는가?

이것은 기묘한 문제이다. 왜냐하면 애당초 워프 따위는 불가능하다고 하는 것이 물리학에서 가르치고 있는 것이니까 말이다. 광속 이상으로 무엇이 이동한다는 것은 있을 수 없다. 이것은 상대론(6장 참고)의 원칙이다. 그러나 여기서는 이 점에 대해서는 눈을 감기로 하자. 「아니 그건 곤란하다」 하고 말하는 사람은, 태양이 갑자기 빛에 가까운 속도로 멀어지기 시작한다고 생각해도 된다.

태양의 이변을 지구가 알아채게 되는 것은 언제일까? 우선 문제가 되는 것은 빛이 어떻게 되느냐 하는 점이다.

A군: 「태양의 빛이 지구에 도달하는 것은 확실히 시간이 걸릴 거야」

B군: 「그래, 8분쯤 걸리지」

A군: 「그렇다면 약 8분 후에 태양이 보이지 않게 될 테니까, 그때 지구 쪽에서 알아채게 되겠지」

B군: 「잠깐! 태양은 빛을 지구로 보내는 외에도 중력으로 지구를 잡아당기고 있잖아. 중력은 어떻게 되는 거지?」

A군: 「아, 그렇군. 중력도 없어지는 셈이야. 그건 언제 알게 될까?」

B군: 「중력이란 건, 잡아당겨 주고 있는 태양이 없어지면 당연히 없어질 것이라고 생각돼」

A군: 「그럴까? 중력도 빛과 같아서 작용하지 않게 되는 데는 8분이 걸릴지도 몰라」

B군: 「빛과 중력은 다른 거야. 빛은 파동이기 때문에 전파하는데 시간이 걸리지만, 중력이란 건 떨어져 있는 곳에서부터 직접 잡아당기는 힘이라고 생각해. 뉴턴의 만유인력의 법칙에도 시간이 걸린다고는 쓰여 있지 않잖아」

A군: 「멀리 떨어져 있는 곳에서부터 공간을 뛰어넘어 힘이 작용하다니 왠지 마법 같아서 이상하잖아. 중력도 공간을 전해 가는 것이라고 생각하는데」

B군: 「진공인 공간에는 아무 것도 없어. 어떻게 전해질까?」

원격력, 근접력이란?

토론은 끝도 없이 계속될 것 같다. 이 두 사람의 의견을 곰곰이 생각해 보면 힘의 작용방법에 대한 근본적인 데서 차이가 있다. 물리학에서는 힘에 대한 이 두 가지 견해를 다음과 같이 구별한다.

원격력: 멀리 떨어진 곳으로부터 물체가 다른 물체에 직접 힘을 미친다.

근접력: 물체는 그 주위의 공간에 어떠한 변화를 주고, 그 변화가 공
　　　　간을 전해 가서 떨어진 곳에 있는 물체에 힘을 미친다.

　지금 문제가 되고 있는 것은 중력의 작용방법인데, 물론 전
기력이나 자기력에 대해서도 같은 문제가 있다.

　그러면 태양의 중력은 어느 쪽일까? 답부터 먼저 말하자. 태
양의 중력이 소멸된 것을 지구가 알게 되는 것은 빛과 마찬가
지로 8분 후이다. 즉, 중력은 원격력(遠隔力)이 아니라 근접력
(近接力)이다. 중력도 광속 이상으로는 전해갈 수는 없기 때문
이다(중력의 이론은 사실은 일반상대론에 의한 것이지만, 여기
서는 깊이 들어가지 않기로 한다).

「장」을 생각해 보자

　중력이야기가 길어졌지만, 4장의 테마는 전기와 자기이다.
전자기력에 대해서도 각각이 원격력이냐 근접력이냐고 하는 문
제는 근본적인 것이다.

　결론부터 먼저 말하자. 전자기력은 원격력이 아니라 근접력
이다. 원격력의 입장에 서면, 힘은 떨어져 있는 물체 사이에서
직접으로 작용하기 때문에 도중의 공간에는 아무것도 존재하지
않아도 된다. 그러나 근접력의 입장에서는 공간을 무엇이 전해
가는 것이라고 하기 때문에, 무엇인가가 공간에 존재하지 않으
면 안 된다. 이 공간에 존재하는 것을 장(場)이라고 부른다. 중
력장, 전계(전기장), 자계(자기장) 등이 장의 전형적인 예다.

　4장의 주인공은 이 전계와 자계이다. 왜 물리학에서는 장이

라고 하는 것을 생각하는가? 장이라고 하는 것을 빼놓고는 안 되는 것 인가? 장을 생각하는 필연성이 잘 이해될 수 있다면, 알기 어렵다고 하는 전자기학도 보다 친숙해질 것이다. 이 전자기학의 근본문제를 이제부터 차분하게 생각해 나가기로 하자. 최종 목표는 전자기파가 전파하는 방법을 해명하는 일이다. 동시에 1장에서 남겨졌던 「빛의 파동은 아무 것도 없는 진공 속을 어떻게 전파해 가는 섯일까?」 하는 의문의 해답도 이 4장에서 발견될 것이다.

2. 전계와 친숙해진다

전계로 생각하면

건조한 겨울에 스웨터를 벗으면 탁탁 하고 작은 방전이 일어난다. 이것이 마찰전기에 의한다는 것은 누구라도 알고 있다. 두 종류의 물체를 마찰하면 한쪽에서부터 다른 쪽으로 전자가 이동한다. 전자는 음전기를 지니고 있기 때문에, 전자가 여분으로 된 쪽의 물체는 음전기가 과잉 상태로 된다. 이때 물체는 음전하(陰電荷)를 지녔다고 한다. 반대로 전자가 부족하게 된 물체는 양전하를 지니는 것이 된다.

마찰에 의해서 전하가 저장되는 것과 마찬가지로, 두 개의 금속판에 양과 음의 전하를 저장하는 장치가 콘덴서이다. 콘덴서에 전지를 접속하면 순식간에 두 금속판(극판)에 전하가 저장

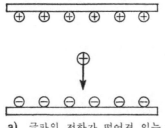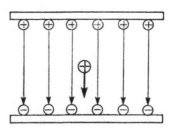

a) 극판의 전하가 떨어져 있는
입자에 힘을 미친다고 하는
사고방식

b) 극판의 전하는 공간에 전계
를 만들어내고, 입자는 그
공간으로부터 힘을 받는다고
하는 사고방식

〈그림 4-2〉 원격력과 근접력

되고 그대로 정지상태가 된다. 지나치게 높은 전압을 가해 주
면 극판 사이에서 방전이 일어난다. 이것은 작은 번개이다.

그런데 이 극판 사이에 양전하를 지닌 입자를 1개 두어 보
자. 이 입자에는 어느 쪽 방향으로 힘이 작용할까? 이것은 간
단하다. 입자의 전하는 양이기 때문에 위의 극판의 양전하로부
터는 반발되고, 아래의 음전하로부터는 잡아당겨진다. 따라서
하향방향으로 힘을 받는다. 그런데 이때 우리는 무의식중에 원
격력의 사고방식을 사용하고 있다는 것을 알아챘을까? 극판으
로부터의 힘은 떨어져 있는 곳으로부터 양전하를 지닌 입자로
작용하고 있다고 생각하는 것이다.

그렇다면 근접력의 생각에서는 어떻게 될까? 이 경우에는 극
판 사이의 공간에 **전계**가 형성되어 있다고 생각한다. 전계는 물
론 눈에 보이지 않는다. 그래서 알기 쉽게 **전기력선(電氣力線)**이
라는 것을 그린다. 전기력선의 방향은 양전하로부터 음전하로
향하는 방향이다.

이 전계 속에 양전하를 지닌 입자를 두면, 전계와 같은 방향으로 전계로부터 힘을 받는다. 이것이 근접력의 사고방식이다. 근접력의 생각은 2단계로 나눌 수가 있다.

제1단계 극판의 전하는 극판 사이의 공간에 전계를 만든다.

제2단계 극판 사이에 둔 양전하의 입자는 이 전계로부터의 힘을 받는다.

「하지만, 어느 쪽이든 결과는 마찬가지가 아닌가. 그렇다면 원격력의 사고방식이 알기 쉽고 좋다」 과연 지당한 말이다. 이 예에서는 두 가지 견해의 어느 쪽이 우수한지를 결정할 수 없다. 또 하나의 예를 들어보기로 하자.

쿨롱의 법칙도 관점을 달리 하면

전하 사이에 작용 하는 힘의 기본법칙은 쿨롱(C. A. Coulomb)이 발견했기 때문에 쿨롱의 법칙이라고 불린다. 쿨롱의 법칙이라는 것은 두 전하 사이에서 작용하는 힘이 전하 사이의 거리의 제곱에 반비례하고, 두 전하의 곱에 비례하는 것이다. 이 법칙은 만유인력의 법칙과 같은 형태를 하고 있다. 만유인력의 법칙에서는 「질량의 곱」으로 되어 있었으나 쿨롱의 법칙에서는 「전하의 곱」으로 되었을 뿐이다. 그런데 이 쿨롱의 법칙은 떨어져 있는 전하끼리가 직접 서로 힘을 미치고 있다고 생각하고 있는 것이므로, 원격력의 입장을 취하고 있는 것이 된다.

그렇다면 이 전하 사이에 작용하는 힘을 근접력의 입장에서 설명하면 어떻게 될까? 먼저 공간의 한 점에 전하 Q를 하나만 가져온다. 이때 이 전하 Q 주위의 공간은 전하가 없을 때와

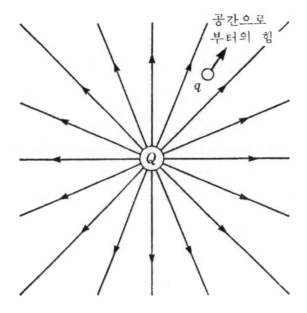

공간으로
부터의 힘

q

Q

〈그림 4-3〉 전하 주위의 공간이 변질하여 거기서부터 힘이
작용한다고 하는 근접력의 입장

비교하여 성질이 바뀌었다고 생각할 수 있다. 이 상태를 전기
력선으로 나타낸 것이 〈그림 4-3〉이다.

왜 공간의 성질이 바뀌었냐고 하면, 이 공간 속에 다른 작은
전하 q에는 를 가져오면 이 전하에 힘이 작용하기 때문이다.

만일 본래의 전하 Q 가 없으면 작은 전하 q에는 물론 아무
힘도 작용하지 않는다. 전하 Q 때문에 주위의 공간이 변질되
어 있어, 그 공간으로부터 전하 q에는 에 힘이 작용하고 있다
고 생각하는 것이 근접력의 입장이다. 이 변질된 공간을 전계
라고 부르는 것은 콘덴서의 경우와 같다.

「뭐. 콘덴서 때나 같고, 이번에도 어느 쪽에서도 결과가 다 같지 않느냐. 원격력이니 근접력이니 까다로운 구별은 하지 않는 게 좋아」

확실히 이번에도 결과는 전적으로 같다.

지금까지의 예와 같이 전하가 정지해 있는 경우(정적인 현상)에는 원격력과 근접력의 생각은 같은 결과밖에 가져오지 않는다. 그러나 전하가 움직이는 경우(동적인 현상)에는 두 사고방식은 결정적으로 다른 결과를 가져오게 된다.

그러면 가장 중요한 근접력의 입장에서부터 정전기의 법칙을 다시 정리해 두자.

1. 전하는 그 주위의 공간에 전계를 만든다.
2. 전계 속에 둔 전하는 전계로부터 힘을 받는다.

3. 자계와 친숙해진다

전류는 자계를 형성한다

자석을 가지고 놀았던 어린 시절의 즐거운 체험은 누구에게나 있다. 모래밭에 자석을 갖고 가서, 모래로부터 사철(砂鐵)을 끌어 모았던 추억을 회상하는 사람도 있을 것이다. 자석이 지니는 가장 큰 매력은 떨어진 곳으로부터 못이나 쇠붙이를 끌어당기는 데에 있다.

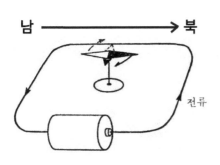

(a) 자침 위에 전류를 통과시키면 자침은 직각으로 돌아간다

(c) 이 배치에서는 자침이 움직이지 않는다

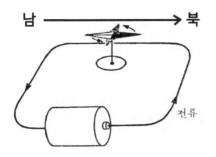

(b) 자침 아래로 전류를 통과시키면 반대로 돌아간다

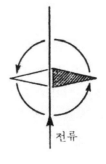

(d) 이 배치에서는 180도 회전한다

〈그림 4-4〉

　자석 위에 종이를 얹어두고, 그 위에다 사철을 뿌리면 사철이 가지런히 늘어선다. 이 사철이 늘어선 선을 **자기력선(磁氣力學)**이라고 하고, 자기 주위에는 **자계(磁界, 즉 자기장)**가 만들어졌다고 말한다. 또 자석의 두 극 중에서 북을 향하는 쪽을 N극, 남을 향하는 쪽을 S극이라고 한다.

　자석과 같은 자계는 전류로부터도 만들어 진다. 이것을 전류

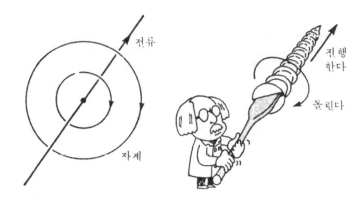

〈그림 4-5〉 오른나사의 법칙. 전류 주위의 자계는 오른나사를 돌리는
방향과 같다

의 자기작용(磁氣作用)이라고 부르는데, 외르스테드(H. C. Oersted)
가 발견한 현상이다. 이 발견에 의해서 그때까지 전혀 별개의
것이라고 생각되던 전기와 자기가 처음으로 결부되었다.

이 실험은 누구나 간단히 할 수 있다. 〈그림 4-4〉의 (a)와 같
이 전지에 직접 도선을 접속하여, 남북을 향하고 있는 자침 위
에 평행으로 전류를 흘려본다. 그러면 자침이 뱅그르르 돌아서
점선의 위치에서 멎는다.

그렇다면 자침의 아래쪽으로 전류를 흘려보내면 어떻게 될까?

「그때는 자침이 반대로 돌아갈 것이다」

해보면 확실히 반대로 돌아간다(〈그림 4-4〉의 (b)).

전류를 자침에 대해 직각으로 흘려보내면 어떻게 될까?(〈그
림 4-4〉의 (c))

「이 경우는 자침은 움직이지 않을 것이라고 생각한다」

실제로 해 보면 자침은 움직이지 않는다.

이때, 전류를 역으로 흘려보내면 어떻게 될까?

「이번에는 자침이 180도로 뱅글 돌아갈 것이다」

(〈그림 4-4〉의 ⓓ)

어째서 이와 같이 예측할 수 있을까? 오른나사의 법칙을 알고 있는 사람은 알 것이라고 생각한다. 전류의 주위에는 〈그림 4-5〉와 같이 동심원 모양의 자계가 형성된다. 이 자계의 방향을 가리키는 것이 오른나사의 법칙이다.

오른나사가 진행하는 방향이 전류의 방향과 대응하고, 오른나사를 돌리는 방향이 자계의 방향에 대응한다.

이 오른나사의 법칙에 또 한 가지 자침의 N극(북극을 향하는 극)쪽이 자계와 같은 방향으로 힘을 받고, S극은 반대 방향으로 힘을 받는다고 하는 약속을 첨가하면, 전류 주위의 자침의 운동방법을 모조리 예상할 수가 있다.

자계는 불필요하다?

그런데 앞에서 말한 자기력의 설명에서는 사전에 아무 설명도 없이 자계라고 하는 사고방식을 사용해왔다. 즉, 근접력의 입장에서 설명했다. 자계라고 하는 사고방식은 우리는 비교적 친숙해지기 쉽다. 그것은 우리가 어릴 적부터 자석 주위에 아름답게 배열되는 사철을 익숙하게 봐 왔기 때문일 것이다. 사철을 보고 있노라면 자석 주위의 공간에는 확실히 무엇이 있는 것 같다.

그러면 여기서 좀 심술궂은 사고방식을 소개하겠다. 늘어선

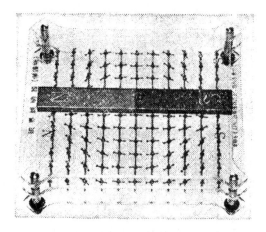

(a) 자석 주위의 수많은 자침

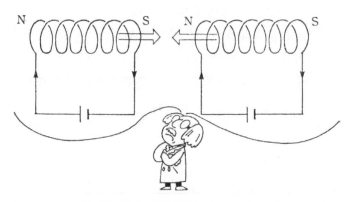

(b) 전자석 사이에 작용하는 힘도 양단에 N극과 S극이 있다고 생각하면 원격력으로 설명할 수 있다

〈그림 4-6〉

사철은 모두가 실은 작은 자석으로 되어있다. 자석은 N극과 S극이 서로 끌어당긴다. 〈그림 4-6〉의 (a)를 보자. 큰 자석 주위에 작은 자침을 많이 두면, 사철과 마찬가지로 아름다운 곡선 모양으로 배열한다. 이것을 자계가 있는 증거라고도 생각할 수

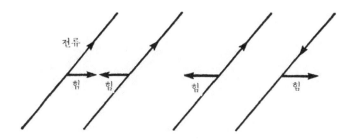

〈그림 4-7〉 같은 방향의 전류=인력. 반대방향의 전류=반발력

있겠지만

「아니, 그저 자석의 N극과 S극이 서로 끌어당기고 있을 뿐이다」

라고 말할 수도 있다.

실제로 자석과 자석 사이에 작용하는 힘은, N극과 S극이 멀리서부터 직접 서로 끌어당긴다고 하는 원격력의 생각으로 설명하는 편이 간단하다.

그렇다면 전자석(電磁石)의 경우는 어떤가? 이 경우도 전자석의 양단이 N극과 S극으로 되어서 서로 끌어당기는 것이라고 생각하면 설명할 수 있다(〈그림 4-6〉의 (b)).

또 전자석 사이에 힘이 작용하는 현상을 곰곰이 생각해보면, 이것은 전류 사이에 힘이 작용하고 있음을 뜻하고 있다. 그렇다고 하면 「직선인 전류 사이에도 힘이 작용할 것」이라는 예상을 할 수 있다. 전류가 평행으로 흐르고 있을 때 작용하는 힘은 어떻게 될까? 인력일까 아니면 반발력일까?

이것은 전자석과 비교해 보면 예측할 수가 있다. 「전자석에 같은 방향으로 전류를 흘려보내면 인력이 작용하기 때문에(〈그

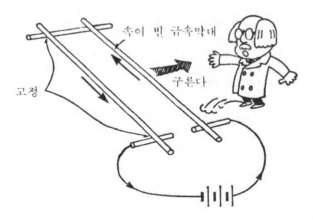

〈그림 4-8〉 전류 사이에 작용하는 힘을 조사하는 실험

림 4-6〉의 (b)), 같은 방향의 직선전류에서도 인력이 될 것이
다」즉 예측으로는 같은 방향의 전류에서는 인력, 반대방향의
전류에서는 반발력이 작용하는 것이 된다(그림4-7).

　이 실험도 간단히 할 수 있다. 〈그림 4-8〉과 같은 장치에서
는 전류가 반대 방향으로 흐르는데, 이때 예측한 대로 반발력
이 작용하여 금속막대가 대굴대굴 굴러가는 것을 알 수 있다.

　위와 같이 전류와 자기의 현상은 모두 원격력의 입장으로도
설명할 수 있다.

전류는 자계로부터 힘을 받는다

　마이컴의 디스플레이(표시 장치)에 자석을 접근시켜 보면 화면
이 여러 가지 상태로 일그러진다. 자석을 움직이면 일그러짐도
움직여서 퍽 재미있다. 이것은 브라운관 속을 달리고 있는 전자
가 자석으로부터 힘을 받기 때문이다. 이것을 전자가 자계로부터
힘을 받는다고 생각하는 것이 근접력=장(場)의 입장이다.

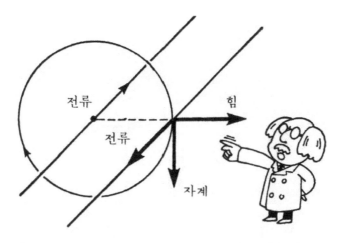

〈그림 4-9〉 자계로부터 전류로 작용하는 힘은 자계와 전류의
양쪽으로 직각이다

전류는 전자의 흐름이기 때문에 여기서부터 전류 사이의 힘
을 근접력의 입장에서 설명할 수 있을 것 같다.

전류가 반대 방향인 경우를 생각한다(그림 4-9). 왼쪽의 전
류가 만드는 자계는 오른쪽의 전류인 곳을 하향으로 흘러가고
있다. 이때 작용하는 힘은 반발력이었으므로 우향이다. 즉 전류
는 자계와 전류 자신의 양쪽으로 직각인 방향으로 힘을 받는다
고 생각하면 된다.

이 자계로부터 전류에 작용하는 힘의 방향을 알기 쉽게 가리
키는 것이 플레밍(J. A. Fleming)의 왼손법칙이다.

왼손의 엄지, 인지, 중지를 벌여서 직각으로 했을 때

엄지 …… 힘

인지 …… 자계

중지 …… 전류

〈그림 4-10〉 플레밍의 왼손법칙… 자계로부터 전류로 작용하는
힘의 방향. 엄지=힘. 인지=자계. 중지=전류

로 된다.

이 법칙을 기억하는 방법에는 아래를 참조하기 바란다.

FBI 다, 손들어!

플레밍의 왼손법칙은 도무지 기억하기 힘들다. 어느 손
가락이 자계, 전류, 힘에 대응하는 것인지 금방 잊어버린
다. 그래서 한 가지 기억방법을 소개하겠다.

「FBI 다, 손들어!」

하고 기억한다. 왼손을 피스톨로 한 셈치고 3개의 손가락
을 직각으로 한다. 힘의 기호는 F, 자계(정확하게는 자속
밀도)의 기호는 B, 전류의 기호는 I 이다. 위로부터 차례

로 엄지=F, 인지=B, 중지= I 이다. 이것이면 만사 해결이다.
다만 이 FBI의 수사관은 반드시 왼손잡이라는 것을 잊
어서는 안 된다.

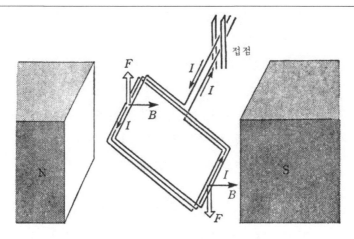

〈그림 4-11〉 모터는 전류가 자계로부터 받는 힘의 응용이다

전류가 자계로부터 받는 힘을 응용한 것이 모터다. 자석으로
자계를 만들고 그 속의 코일에 전류를 흘려보낸다(그림 4-11).
코일의 왼쪽을 흐르는 전류에는 어느 방향으로 힘이 작용할
까? 플레밍의 왼손법칙을 사용하면 그림에 있는 대로 상향으로
힘이 작용한다. 오른쪽을 흐르는 전류에서는 어떻게 될까? 좀
하기 힘들지만 왼손법칙에 의하면, 이번에는 하향으로 힘이 작
용한다. 이 힘에 의해서 코일이 회전하여 자계와 수직으로 되
는 곳까지 간다. 이때 저쪽 편의 접점이 뒤바뀌어 전류의 방향
이 반대로 된다. 그러면 코일에 작용하는 힘은 상하가 반대로
되어 코일은 다시 반회전을 한다. 여기서 다시 전류의 방향이

138

바뀌어서 …… 이런 식으로 되풀이되어 코일이 뱅글뱅글 계속 돌아가게 된다.

전계와 자계모형의 실패

이상으로 자기력에 대해서도 전기력과 마찬가지로, 원격력이나 근접력으로 설명을 할 수 있다는 것을 알았다. 여기에서도 두 가지 입장에 관해서는 우열을 가리기 어렵다. 현재로는 어느 쪽 생각도 다 옳다고 할 수 있다. 「현재로서는」하고 못 박은 것은, 지금까지 다루어 온 자기의 현상은 전기의 경우와 마찬가지로 변화하지 않는 정적인 현상이기 때문이다(전류가 흐르고 있으므로 아무것도 움직이지 않는 것은 아니지만, 전류가 일정하고 변화하지 않는 경우만을 다루어 왔다). 두 입장의 차이가 뚜렷하게 나타나는 것은 시간적인 변화가 있을 때이다.

지금까지 팽개쳐 왔었지만, 여기서 전계와 자계의 정체에 관해서 좀 더 생각해 보기로 하자. 공간에 존재하는 전계와 자계에 대해서 물리학자는 여러 가지 모형을 생각했다. 예를 들어 보자.

① 어떤 미립자가 진공인 공간에도 존재하고 그것이 전계와 자계를 전달한다.

② 어떠한 유동체가 있어서 마찬가지로 전계와 자계를 전달한다. 또는 이 유동체가 전하나 자극으로부터 복사되거나 흡수되거나 한다.

③ 공간에는 투명하여 물체는 자유로이 통과시키지만, 전기나 자계에 대해서는 매우 단단한 물질이 있어서, 그 변형이 전계와 자계를 전달한다.

그러나 결론을 말하면, 어떠한 물질을 공간에다 상정한 이들 모형(역학적 모델이라고 한다)은 갖은 노력에도 불구하고 실패하고 말았다. 어느 모형도 전자기의 현상을 모조리 모순 없이 설명할 수는 없었다. 따라서 공간에는 전자기력을 전달하는 물질이 없다는 셈이 된다. 이것은 단단히 기억해 둘 필요가 있다.

자석의 정체는?

자기에 관한 마지막 테마로 「자석의 정체는 무엇이냐?」라는 문제를 들어보자.

우선 생각나는 것은

「전기의 경우 전하처럼 자하(磁荷)라고 하는 것이 자극에 저장되어 있는 것이 아닐까」

하는 설이다.

「아니 그럴 턱이 없어. 그렇다면 자석을 둘로 잘랐을 때 N극뿐이거나, S극만의 자석이 될 터인데 그런 것은 본적이 없어」

하는 반론이 금방 나올 것이다.

「음. 그건 매우 작은 자석이 많이 모여서 큰 자석이 되어 있는 거라고 생각하면 돼. 그렇게 하면 아무리 잘라도 한쪽 극만의 자석으로는 되지 않겠지」

과연 이것은 좋은 사고방식이다. 그러나

「그 작은 자석이라는 건 도대체 뭐지? 그걸 둘로 쪼갤 수는 없는 거야?」

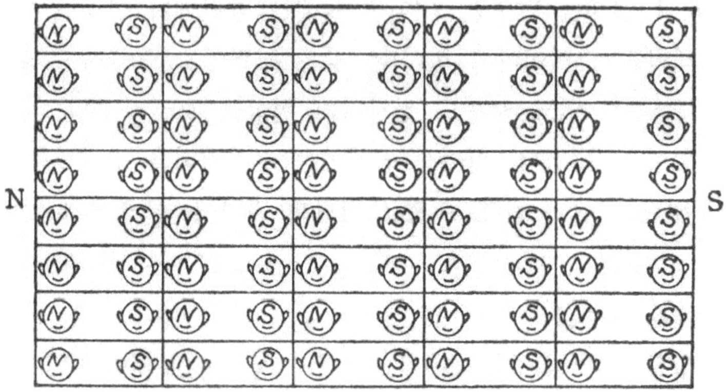

N   S

〈그림 4-12〉 자석은 작은 자석의 집합이라고 생각할 수 있다.

이 질문에는 좀 대답하기 힘들다. 그래서 과감하게 발상을 전환해 보기로 하자.

영구자석과 전자석을 비교해 본다. 이 둘이 만드는 자계는 전적으로 같다. 그리고 전자석에서는 자계의 원인이 되어 있는 것은 전류이다.

「그렇다면 영구자석에도 전류가 흐르고 있는 걸까? 전자석과 비교하면 표면에 원(円) 전류가 흐르고 있다는 것이 되잖아」

「그런 건 들어 본 적이 없는데」

확실히 자석의 표면에 전류(그것도 영구전류)가 흐르고 있다면 벌써 전에 검출되어 있을 것이다.

「음. 난처한데……. 그래, 그렇지. 아까 작은 자석이라는 것을 생각했었지. 그것과 마찬가지로 작은 전류가 있다고 하면 어떨까? 자석의 단면도를 그려보자(그림 4-13). 작은 전류가 같은 방향으로 가지런하면 내부의 전류는 이웃끼리 상쇄할 거다. 그러나 표면에서는

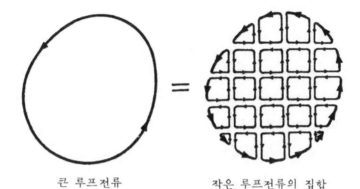

큰 루프전류　　　　작은 루프전류의 집합

〈그림 4-13〉 작은 전류로부터 자석의 정체를 설명할 수 있다

남아 있기 때문에 그것이 전자석의 전류와 같은 작용을 할 거야」

「과연, 그것도 좋은 생각이군. 하지만 작은 전류란 뭐지?」

「전자가 원자핵의 주위를 돌고 있잖아. 그게 이 작은 전류일 거라고 생각해. 그렇게 하면 전류가 검출되지 않는 이유도 알게 되지」

이 생각은 자석의 본질을 정확하게 포착하고 있다. 이 설의 창시자는 앙페르(A. M. Ampére)인데, 이것에 의해 자하의 존재는 부정되었다. 또 단극(單極)의 자석도 있을 수 없다는 것을 알았다. 다만 자석의 원인이 되는 것은 전자의 공전보다도 자전(spin)의 경우가 실제로 많다는 것을 현재는 알고 있다.

모노폴(단극자석)

우리가 여기서 공부하고 있는 전자기의 이론은 맥스웰(J. C. Maxwell) 전자기학으로 불린다. 이 이론은 거시적인 세계의 완성된 이론이며, 단극 자석(monopole)의 존재는 인정하지 않는다.

　그러나 소립자와 같은 미시의 세계에서는 이 이론을 사용할 수 없다. 소립자의 이론은 현재도 탐구 중이지만 유력한 이론으로서 「게이지 이론」이라고 불리는 것이 있다. 이 이론은 단극의 자기를 지니는 입자의 존재를 예언하고 있으며, 현재 전 세계에서 이 입자를 발견하려고 노력하고 있다.

4. 자계로부터 전류를 만든다―전자기유도

전류를 손수 만들자

　「전류로부터 자계가 만들어 진다면 그 반대로, 자계로부터 전류를 만들어 낼 수는 없을까?」

　이런 아이디어를 착상했다면 금방 실시해 볼 일이다.

　먼저 자석 곁에 코일을 두고서 전류가 얻어지는지를 조사해 본다. 〈그림 4-14〉와 같이 전류계를 관찰하자.

　그러나 이것으로는 전류계는 꼼짝도 하지 않는다. 장소가 나쁜가 하고 자석을 여기저기로 옮겨 보고, 각도를 바꾸어 보아도 헛일이다.

　할 수 없다. 그러면 코일과 코일로서 해 보자(그림 4-15).

　왼쪽 코일에 전류를 흘려보낸다. 그러면 자계가 만들어질 것

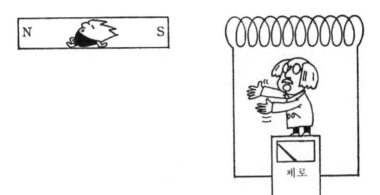

〈그림 4-14〉 코일 곁에 자석을 두어도 전류는 얻어지지 않는다

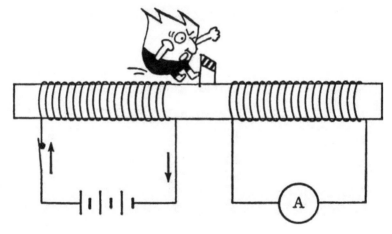

〈그림 4-15〉 왼쪽 코일의 전류를 아무리 세게 해도 오른쪽 코일로는 전류가
흐르지 않는다. 그러나 스위치를 ON, OFF로 하는 순간에만 전
류가 흐른다

이다. 그 자계에 의해서 오른쪽 코일로 전류가 흘러가지 않을
까? 그러나 이번에도 전류계는 옴짝달싹도 하지 않는다.

「이상한데……. 전류를 더 증가시켜 볼까」

왼쪽 코일의 전류를 증가해 준다. 이렇게 하면 강한 자계가 형성될 것이다. 왼쪽 코일은 발열하여 자꾸 뜨거워진다. 그래도 전류계는 움직이지 않는다. 이 이상 전류를 흘려보내면 코일이 타서 끊어져 버릴 것만 같다.

당황하여 전원스위치를 끊는다. 그 순간의 일이다. 진류계가 팔딱 움직인다. 그러나 그것은 아주 한 순간이다. 지침은 다시 제로로 되돌아온다. 「정말로 움직였을까?」 하고 걱정이 되어 다시 전류의 스위치를 넣는다. 그러자 그 순간 다시 지침이 팔딱 움직인다. 이번의 움직임은 스위치를 끊었을 때의 반대방향이다. 즉, 반대방향으로 전류가 흘렀다는 것을 안다.

결국 일정한 전류가 흐르고 있는 동안은 지침은 전혀 움직이지 않고, 스위치를 ON, OFF로 할 때, 즉 전류가 갑자기 변화할 때만 전류(유도전류)가 얻어진다는 것을 알 수 있다.

이것이 전자기학의 최대 발견이라고 일컬어지는 패러데이(M. Faraday)의 전자기 유도의 발견이다. 어째서 전류가 얻어지는 것일까? 전류가 변화하면 코일을 꿰뚫는 자계가 변화한다. 이 자계의 변화가 유도전류의 원인이다. 이렇게 해서 유명한 전자기유도의 법칙이 얻어진다. 즉

코일을 꿰뚫고 있는 자계(의 총량)가 변화했을 때 코일에는 전류가 흐른다.

그렇다면 최초에 나왔던 자석을 사용했을 경우에는 어떻게 하면 전류가 얻어질까? 「자석을 움직이면 코일을 관통하는 자계가 변화할 것」이라는 생각이 금방 떠오른다. 그러나 자석을

조금 움직이는 정도로는 전류가 흐르지 않는다. 과감하게 코일 속을 통해서 자석을 낙하시켜 본다. 이렇게 하면 자계가 급격히 변화하여 전류가 얻어진다. 자석이 코일을 통과하는 속도가 클수록 강한 전류가 얻어진다. 이 실험에 의해서

　「전자기 유도의 법칙에는 발생하는 유도전압은 자계량이 변화하는 속도에 비례한다」

는 내용이 첨가된다.

유도전류의 방향

　다음에는 이 유도전류는 코일의 어느 쪽 주위에 발생하는가를 생각해 보자. 이번에는 〈그림 4-16〉과 같은 예로써 조사한다.

　상향으로의 자계가 공간 전체에 있다. 여기에 도선을 그림과 같이 두고 수레바퀴를 우로 잡아당긴다. 그러면 이 직사각형의 코일의 면적이 커지고 코일을 상향으로 관통하는 자계의 총량이 증가한다. 실험에 의하면 이때 코일에는 위로부터 보아서 시계방향으로 전류가 흐른다. 이것을 어떻게 생각해야 할까? 이 시계방향의 전류는 코일 자체 속에 하향의 자계를 만든다 (이것은 오른나사의 법칙으로부터 알 수 있다).

　즉, 상향하는 자계량이 증가하면 코일은 하향의 자계를 만들어 자계의 증가를 방해하려 하는 것을 알 수 있다. 이것을 법칙으로 하면

　「코일에 생기는 전류가 만드는 자계가 전자기유도의 원인으로 된 자계의 변화를 방해하는 방향으로 전류가 흐른다」

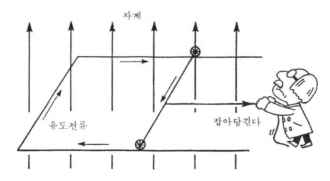

〈그림 4-16〉 렌츠의 법칙. 유도전류는 코일을 관통하는 자계량
의 변화를 방해하는 방향으로 흐른다

이것을 렌츠(H. F. E. Lenz)의 법칙이라고 한다.

좀 표현이 복잡해지지만 잘 읽으면 이해할 수 있을 것으로
생각한다.

전기문명의 아버지—패러데이

패러데이의 발견은 발전 원리의 발견이다. 패러데이 이전에
는 전지 이외는 일정한 전류를 얻는 방법이 없었다. 전자기 유
도의 발견에 의해서 전류가 쉽게 얻어지게 되어 전기 문명이
급속히 발전했다.

발전기의 구조는 모터와 같지만 기능은 전혀 반대이다. 발전
기에서는 코일을 외부의 힘으로 돌린다. 코일을 돌리면 코일을
관통하는 자계의 양이 변화한다. 그러면 코일에 전류가 유도된
다. 코일을 돌리기 위해서는 물(수력발전)이나 수증기(화력, 원
자력 발전)가 사용된다.

불을 사용하지 않는 새로운 조리도구로서 화젯거리가 되고
있는 전자조리기에도 전자기유도가 응용되어 있다. 이 장치에

서는 금속으로 된 냄비를 관통하는 자계를 변화시켜, 냄비 내부에 유도전류를 일으키고 그 전류에 의한 발열로써 냄비 자체를 데운다. 따라서 당연한 일로 도자기 냄비는 사용할 수 없다.

그런데 패러데이에 관해서는 잘 알려진 에피소드가 있다. 그는 가난한 대장간 집 아들로 태어나, 어릴 적부터 제본소에서 일을 해야 했다. 과학을 좋아하던 패러데이는 일하는 짬짬이 과학책을 읽으며 손수 과학실험을 했다. 어느 날, 당시의 유명한 과학자 데이비(H. Davy)의 강연을 들을 기회가 있었다. 그는 그 강연의 내용을 깨끗이 필기하고 제본을 하여 그것을 데이비에게 보내고 조수로 채용해 달라고 부탁했다. 데이비는 그의 소원을 들어주어 패러데이는 왕립연구소의 조수의 자리를 얻을 수 있었다.

이 이야기는 흔히 미담으로서 입에 오른다. 확실히 좋은 이야기이기는 하지만 현재는 이런 일이 일어날 수 없다는 것도 사실이다. 패러데이의 시대(18세기 전반)는 아마추어도 과학자의 집단에 끼어들 수 있었던 마지막 시대이다. 현대는 과학자가 전문가로서의 폐쇄적인 집단으로 되어 있어서, 고도한 훈련을 받은 사람밖에 그 집단 속에 받아들여지지 않는다. 모든 사람에게 개방된 과학이라는 것은 이제 한낱 꿈에 지나지 않는 것인지도 모른다.

근접력의 우위성

전자기 유도의 설명에는, 현재는 모두 근접력=전자기장의 이론이 사용된다. 이 전자기장의 이론은 패러데이가 제창한 것이다. 그런데 패러데이가 살던 시대에는 이 장(場)의 이론은 대부분의 학자에게 인정받지 못했다. 그 무렵의 유명한 물리학자(앙페르, 베버, 노이만 등)는 원격력의 입장으로부터 전자기이론을 수립하려 하고 있었다. 이를테면 코일과 코일 사이의 전자기유도도 전류 사이의 힘에 의해서 설명하는 이론이 만들어졌다. 그러나 이들 이론은 현재는 이미 남아있지 않다. 수학적으로 정밀하고 치밀성을 다한 이 원격력의 이론에는 깊이 개입하지 않기로 하자.

패러데이의 장의 견해가 받아들여지지 않았던 것은 수학을 배우지 못한 그가 수식(數式)을 사용하지 않고 논문을 썼다는 점에도 한 가지 원인이 있을지 모른다. 그러나 우리는 어려운 수식을 사용하지 않은 몫만큼 패러데이의 글을 읽기 쉽다. 장의 이미지를 이용하면 전자기 유도를 명쾌하게 이해할 수 있다는 것은 이미 앞에서 보아온 그대로다. 전자기 유도의 설명에서는 근접력의 입장이 압도적으로 우위에 있다.

나머지 문제는 이 우위성을 결정적으로 만드는 일, 즉 원격력으로서는 결코 설명할 수 없는 현상을 밝히는 일이다.

그것이 바로 다음에 다루는 전자기파이다.

5. 전자기파를 살펴본다

전자기파를 만든다

전자기파는 자연에서 만들어지고 있다. 번개가 칠 때 라디오나 텔레비전에 잡음이 들어온다. 이것은 번개에 의해서 전자기파가 발생하고 있기 때문이다. 이와 같은 라디오나 텔레비전의 잡음은 신변의 기기로부터도 발생한다. 형광등을 켤 때, 냉장고의 스위치를 넣을 때, 자동차가 근처를 통과할 때 잡음이 들리는 일이 있다.

이것은 간단히 조사할 수 있다. 트랜지스터 라디오를 부엌의 가스점화기나 형광등 가까이로 가져가서, 이들 기기의 스위치를 켜거나 끄거나 하면 된다. 라디오의 선국(選局) 다이얼을 움직이거나, AM(중파)으로 하거나 FM(초단파)으로 해도 항상 잡음이 들린다. 즉, 불꽃으로부터는 광범위의 주파수(진동수)의 전자기파가 발생하고 있는 것을 안다.

이 불꽃방전에 의한 전자기파의 발생 실험으로 유명한 헤르츠(H. R. Hertz)의 실험에 대해서 언급해 두겠다. 원리만을 설명하면 헤르츠의 장치는 단순하다. 전자기파의 발생 장치는 두 개의 도선을 〈그림 4-17〉처럼 접근시키고 그 사이에 좁은 틈새를 만든 것이다. 이 도선에 고전압을 가하면 좁은 틈새에 불꽃이 튄다. 수신 장치 쪽은 원형도선에 한 군데만 틈새를 만들어 놓고 있다. 발진기에 불꽃을 튕기면 그 순간 수신기의 틈새에도 불꽃이 튄다.

이것으로 전자기파의 존재가 확인되었다고 책에 쓰여 있는데 사실일까? 실은 이것만으로는 전자기파와 전자기장의 존재가 확인되었다고 말할 수 없다. 전자기파는 파동이기 때문에 당연한 일로 유한한 속도로써 공간을 전파해갈 것이다. 그런데 이 실험에서는 발신기와 수신기의 불꽃이 튀는 것이 동시이다. 실제는 동시가 아닐지 모르지만 동시로 밖에는 보이지 않는다.

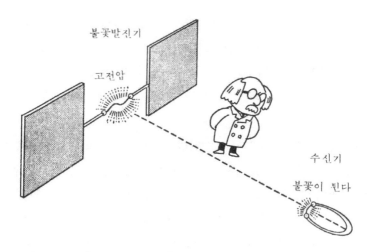

〈그림 4-17〉 발진기에 불꽃을 튀게 하면 수신기에도 불꽃이 튄다

전자기파의 존재를 정말로 확인하기 위해서는 연구가 더 필요하다.

또 전자기파의 발생에 대한 메커니즘도 아직 밝혀지지 않았다. 여기서 우선 전자기파의 이론적인 면에 대해 검토해 두기로 하자.

전자기파는 왜 발생하는가?

전자기파의 발생은 지금까지 나온 전자기의 법칙으로부터 설명할 수 있다. 지금까지의 이론을 조금만 더 확장해야 할 필요는 있지만 새로운 법칙은 필요하지 않다.

그래서 전자기학의 기본법칙을 복습도 겸하여 정리해 두기로 하자. 먼저 전계에 대한 법칙은

「제1법칙 전하는 그 주위에 전계를 만든다」

고 하는 것이었다. 이것은 쿨롱의 법칙을 장의 사고방식으로써 나타낸 것이다.

다음, 자기에 관해서는 자석의 본성에서 언급했듯이

「제2법칙 단극인 자석은 존재하지 않는다」

고 하는 사실이 있다. 또 하나로

「제3법칙 전류는 그 주위에 자계를 만든다」

고 하는 법칙이 있었다. 이것은 앙페르의 법칙이라고 불린다.

그리고 마지막 법칙이

「제4법칙 자기장의 변화는 전류를 만든다」

고 하는 패러데이의 전자기 유도의 법칙이었다.

이 네 가지 법칙으로 모든 전자기의 현상을 설명할 수 있다. 다만 이제부터 말하듯이 모든 것을 장(場)의 말로 고칠 필요가 있다.

그러면 네 가지 법칙을 사용하여 전자기파에 대해서 생각해 보자. 전자기파라고 하므로 전계와 자계의 양쪽이 다 관계하고 있을 것이다.

먼저 제3법칙에 주목한다. 제3법칙은 전류가 자계를 만든다 고 하는 것이다. 이 전류를 장의 말로서 고쳐본다.

〈그림 4-18〉과 같이 콘덴서에 교류를 흘려본다. 전류는 왔다 갔다 하면서 줄곧 흘러간다. 제3법칙에 의하면 당연히 도선 주위에는 자계가 형성된다. 그렇다면 콘덴서 주위는 어떻게 될까? 콘덴서 사이에서만 전류가 끊어져 있는데, 그 대신 거기에는 전계가 있어서 그것이 시간과 더불어 변화하고 있다. 이 변

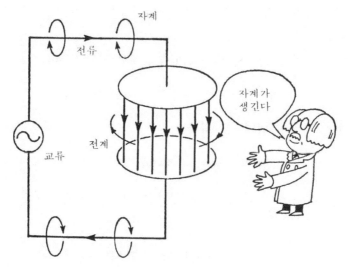

〈그림 4-18〉 콘덴서의 변화하는 전계 주위에도 자계는 생긴다

화하는 전계 주위에도 자계가 형성되는 것일까? 「된다!」라고
생각한 것이 맥스웰이다. 콘덴서 사이에는 전류가 없기 때문에
이것은 제3법칙의 확장이다. 그러나 이 확장은 옳지 않다. 콘
덴서 주위의 자계는 실험적으로도 확인되어 있고, 무엇보다도
이 확장으로부터 나오는 전자기파의 존재가 확장의 정당성을
보증한다. 이리하여 제3법칙은

전계의 변화는 자계를 만들어낸다.

하고 표현할 수 있다.

　다소 번거롭기는 했지만 이것으로 한 고비는 넘어섰다. 나머
지는 제4법칙을 장의 말로 고치기만 하면 된다. 제4법칙은 자
계 의 변화는 전류를 낳는다고 하는 것이었다. 전류가 흐르는
것은 도선 속에 전계가 형성되어 있어서 전자가 전계로부터 힘

을 받기 때문이다. 그래서 제4법칙은

자계의 변화는 전계를 발생시킨다.

하고 바꿔 말할 수 있다.

　나머지는 이 두 법칙을 조합하는 일 뿐이다. 전자기파의 발생기로서는 앞에서 말한 콘덴서로 교류를 흘려보내는 장치를 염두에 두면 된다. 콘덴서 사이의 전계가 먼저 변화한다. 제3법칙에 의해서 전계의 변화는 자계를 낳게 한다. 그러면 제4법칙에 의해서 이 자계의 변화는 전계를 발생한다. 그러면 제3법칙으로 되돌아가서……라는 식으로 같은 일이 반복된다. 즉 전계의 변화→자계의 변화→전계의 변화→자계의 변화로 되어서 얼마든지 계속되어 간다. 이 상태는 마치 어릴 적에 자주 놀았던, 두 사람이 교대로 등을 구부리고 뛰어 넘으면서 앞으로 나아가는 "말타기 놀이"와 비슷하다. 전계와 자계가 번갈아 가면서 말타기 놀이를 하면서 진행하는 것과 같다.

예언자 맥스웰

　전자기파는 실험에 의해서 자연으로 발견된 것은 아니다. 전자기파의 존재는 맥스웰에 의해 이론적으로 예언되었던 것이다. 맥스웰은 패러데이의 장(場)의 생각을 발전시켜 전자기학을 네 가지의 방정식으로 완성시켰다. 앞 절에서의 네 가지 법칙은 이 방정식을 말로써 표현한 것이며, 전자기파의 유도방법도 맥스웰의 방법을 말로써 고친 것이다.

　맥스웰의 계산에 의하면 이 전자기파의 속도는 광속과 같은

$$3.00 \times 10^8 \text{m/s}$$

가 될 것이라는 것도 알았다. 이 결과로부터 맥스웰은 두 가지 예언을 한다.

1. 전계와 자계의 파동이 공간을 광속과 같은 속도로 전파한다.

2. 빛은 이 전자기파의 일종이다.

후자가 빛의 전자기파설이다. 입자설과의 논쟁에서 승리한 빛의 파동설은 「빛은 무엇의 파동이냐?」고 하는 의문에는 여태까지 대답할 수가 없었다. 이 맥스웰의 예언이 실험으로 확인되면 빛의 파동의 본성이 마침내 해명된다. 그러면 그 예언을 확인한 헤르츠의 실험의 핵심 부분을 살펴보기로 하자.

진행하지 않는 파동

「전자기파라는 것은 도무지 실감이 나질 않아. 어떻게 전자기파를 눈으로 볼 수는 없을까?」

확실히 전자기파를 눈으로 볼 수 있다면 멋진 일이다. 그러나 그것은 불가능하다.

「그렇다면 실감할 수 있을 정도라도 좋겠다. 공간에 무엇이 있다는 걸 느낄 수 있는 방법은 없을까?」

이것은 가능하다. 우리의 목표는 두 가지가 있다.

1. 전자기파가 유한의 속도로써 전파한다는 것을 확인한다. 그러면 발신과 수신 사이의 시간, 전자기파는 도중에 확실히 존재하고 있는 것이 된다.

2. 전자기파를 실감으로써 파악한다. 이를테면 공간에서의 그 강약

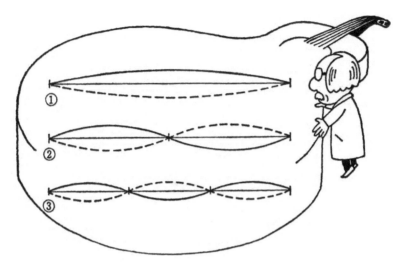

〈그림 4-19〉 악기의 현에는 우로도 좌로도 진행하지 않는 정상파가 생겨 있다

을 알면 된다.

전자기파의 속도는 3.00×10^8m/s 이므로 직접 이 속도를 측정하기는 어렵다.

방 안에서 측정하는 연구가 필요하다. 여기서 파동의 재미있는 성질을 이용할 수 있다. 기타 같은 악기의 현(弦)에 생기고 있는 파동을 상기하자. 현의 파동은 〈그림 4-19〉 ①과 같이 한가운데가 팽창해 있고, 우로도 좌로도 진행하지 않는다. 진행하지 않는 파동이기 때문에 이것을 정상파(定常波)라고 부른다. 실은 현에는 눈에는 보이지 않지만 〈그림 4-19〉의 ②, ③과 같은 정상파도 있다.

그럼 이 정상파는 어떻게 기는 것일까? 현을 전해 가는 파동은 현의 양단에서 반사한다. 즉, 현에는 우로 진행하는 파동과

156

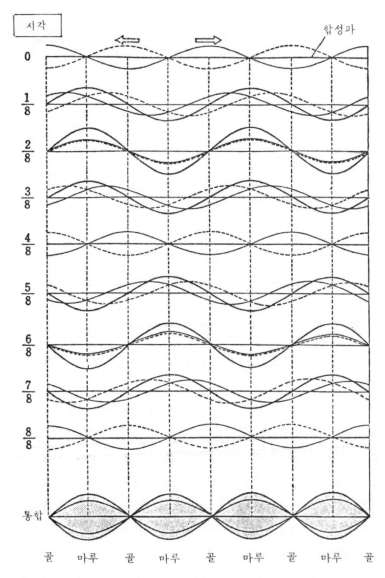

〈그림 4-20〉 우로 진행하는 파동과 좌로 진행하는 파동이 중첩하면
정상파가 생긴다

좌로 진행하는 파동이 형성되어 있다. 서로 반대로 진행하는 두 개의 파동이 겹쳐지면 정상파가 만들어진다. 〈그림 4-20〉을 보자. 우로 진행하는 파동(점선)과 좌로 진행하는 파동(가느다란 선)의 상하방향의 간격차를 합산한 것이 정상파(굵은 선)이다. 시간과 더불어 형태가 바뀌는 정상파를 하나로 뭉치 면 맨 아래쪽 그림이 된다. 확실히 우로도 좌로도 진행하지 않고 같은 장소에서 진동하고 있다. 진동이 거센 곳을 마루, 진동하지 않는 곳을 골이라고 부른다.

전자기파를 관찰한다

전자기파를 어떤 방법으로 관찰하려 하는지 짐작이 갔을 것이다. 전자기파의 정상파를 만들자는 것이다. 그러려면 전자기파를 반사시켜 주면 된다. 반사판에는 무엇을 사용하면 될까? 레이더를 생각하자. 레이더는 비행기로부터의 반사파로써 그 위치를 안다. 즉 금속은 빛을 반사한다.

그래서 이를테면 알루미늄 판을 사용하면 된다. 발진기로부터 입사하는 전자기파와 알루미늄 판으로부터 반사하는 전자기파가 겹쳐져서 정상파가 만들어질 것이다(그림 4-21).

발진기와 수신기는 여러 가지 것을 연구할 수 있다. 이를테면 발진기는 버저를 개조하여 만들 수가 있다(그림 4-22). 버저는 전류가 끊어졌다 흘렀다 하는 일을 반복하고 있으므로 연속적으로 전자기파를 낼 수 있다. 수신기는 다이오드와 이어폰만으로 된다.

그럼 실제로 해 보자. 버전의 스위치를 넣고, 발진기와 반사판 사이의 여러 곳에서 수신기를 움직여 본다. 찍찍 하는 전자

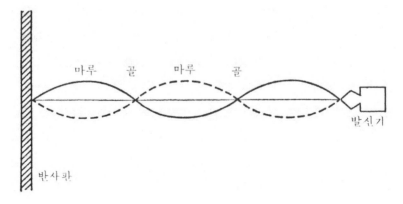

〈그림 4-21〉 전자기파를 금속판으로 반사시키면 정상파가 만들어질 것이다

기파의 소리가 장소에 따라서 세어지거나 약해지거나 하고 있음을 알 수 있다. 확실히 전자기파의 정상파가 발생하고 있다. 그러면 전자기파의 속도는 어떻게 측정할까? 정상파의 골에서 골까지의 거리를 측정하면 전자기파의 파장을 알 수 있다. 한편 발진기의 회로의 구조로부터 발생하고 있는 전자기파의 진동수(주파수)를 알 수 있다. 그러면

$$\text{파동의 속도} = \text{파장} \times \text{진동수}$$

로부터 전자기파의 속도가 얻어진다.

결과는 맥스웰이 예언했던 대로

$$3.00 \times 10^8 \text{m/s}$$

가 된다.*

헤르츠는 또 전자기파가 빛과 마찬가지로 반사, 굴절, 간섭

---

*파동은 매질이 1회 진동하는 동안에 꼭 1파장이 진행하기 때문에, 파동이 1초 동안 진행하는 거리, 즉 속도는 파장×1초간의 진동회수로 된다.

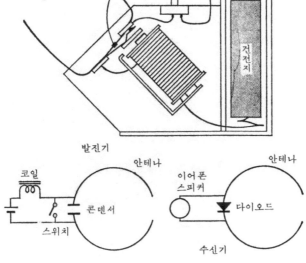

〈그림 4-22〉 버저를 개조한 발전기와 간단한 수신기

등을 하는 것을 확인했다. 여기서 전자기파의 존재와 빛의 전
자기파설의 정당성이 마침내 확인되었던 것이다.

그런데 전자기파나 빛의 정상파 등이라고 하면 좀 친숙해지
기 힘들지 모르겠으나, 현대의 광(光) 비디오디스크나 광통신에
사용되는 반도체 레이저에서도 빛의 정상파가 이용되고 있다.

반도체 레이저는 두께 0.2㎜ 정도의 결정이다. 이 결정의 양
면 사이로 빛을 왕복시켜서 정상파를 만들고 그 일부를 방출시
킨다. 즉 반도체 레이저는 빛의 악기와 같은 것이다. 이 반도체
레이저가 광비디오 디스크의 픽업으로서 가정에도 들어와 있
다.

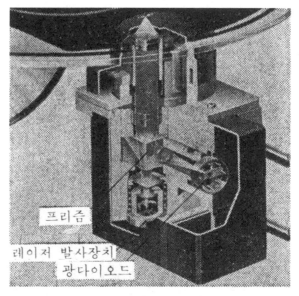

프리즘

레이저 발사장치
광다이오드

〈그림 4-23〉 반도체 레이저에서는 빛의 정상파가
이용되고 있다.

태양으로부터의 빛은 지구로 에너지를 운반하고, 식물은 이
빛의 에너지를 광합성(光合成)에 의해서 영양분으로 바꾼다. 난
로는 적외선으로 사람의 몸을 데워준다. 전자레인지는 마이크
로파로 음식물을 조리한다. 이와 같이 전자기파는 에너지를 운
반할 수도 있다.

이렇게 하여 전계, 자계의 존재는 누구에게도 명백한 존재가
되었다. 「하지만 역시 공간에 어떤 것이 있는지, 도무지 명확하
게 이해되지 않는다」라고 생각할 사람이 있을지 모른다.

미립자나 유체를 사용하여 어떠한 모델을 만들어도 전자기장
을 설명하는 것은 불가능하다는 것을 이미 설명했다. 물리학은
이 문제에 대해서 다음과 같이 대답한다.

장은 입자와 마찬가지로 물리적인 실재(實在)이다.

장에 대해서는 신비적인 이미지를 그릴 필요는 전혀 없다. 맥스웰 전자기학이 가르치는 전자기장은 입자와 대등하게 존재를 주장하는 물리적인 실재이다. 다시 한 번 강조하지만, 유체라든가 미립자라든가 하는 구체적인 모델을 생각해서는 안 된다. 친절하지 못한 것 같지만 이상이 전자기장의 실제 모습인 것이다.

5장
가능성의 세계—양자역학 입문

광자공으로 야구를 하는 이야기

여기는 야구장이다. A팀과 B팀의 전통을 건 한판 싸움이 벌어지고 있다. 오늘은 특히 최신 과학기술에 의해 개발된 「광자공」이 처음으로 사용된다고 하여 구장은 초만원을 이루고 있다. 광자(光子)공의 정체에 대해서는 「눈으로 안 보이는 마법의 공이 던져진다」는 등 갖가지 소문이 나돌았지만, 아무도 진상을 아는 사람은 없었다. 다만 빛의 입자를 거대한 공으로 만들었다는 것만이 경기관리 위원회에서 발표되어 있었다.

빽빽하게 들어 찬 관중들 틈으로 간신히 그라운드를 들여다본즉, 왠지 전과는 상태가 다르다. 우선 외야수의 인원수가 이상하게도 많다. 100명쯤은 될 것 같다. 이래서는 도저히 히트를 칠 수 없을 것 같다. 게다가 외야수의 글러브도 엄청나게 크다. 배터박스를 본즉 타자의 배트는 테니스 라켓을 확대한 마치 커다란 주걱과 같다.

마운드에는 왕년의 A팀의 명투수 김호돌 선수가 서 있다. 유명한 자토벡두법으로 힘찬 공을 타자를 향해 찔러 넣었다. 속구나 포크볼인가 했더니, 김호돌 선수의 손에서 떠난 순간 공이 휙 모습을 감춰 버렸다. 「스트라이크」 하고 구심의 소리가 울려 퍼졌다. 놀라서 캐처의, 그것도 엄청나게 큰 미트를 보자 어김없이 공이 들어있다. 이어서 제2구는 피처의 손을 떠난 순간 또 모습이 사라졌다. 「볼」 이번에는 공이 백네트에 부딪힌 데서 모습을 나타냈다. 폭투다. 김 선수는 고개를 갸우뚱거리고 있다.

제3구, 타자는 주걱 같은 배트를 처음으로 힘껏 휘둘렀다. 공은 배트에 맞은 것 같다. 그러나 공의 행방이 묘연하다. 갑자

〈그림 5-1〉 광자공으로 야구를 하면

기 2루쪽의 명쇼트 박찬구 선수의 글러브에 공이 나타났다. 「아웃!」 2루심의 오른손이 번쩍 올라갔다. 타구는 쇼트라이너였던 모양이다.

한참 동안 성기를 보고 있자니까 외야수가 많고 글러브가 큰 이유를 조금씩 이해할 수 있었다. 타구가 보이지 않기 때문에 외야수 9명으로는 도저히 방어가 안 되는 모양이다. 또 굴러가는 공은 잔디에서 튕겨질 때만 모습을 나타내지만, 많건 적건 불규칙한 바운드를 한다. 게다가 피처가 던지는 공에도 폭투가 많다. 이것은 광자공인 탓일까? 또 하나 눈에 두드러지는 것은 타자의 헛치기가 많다는 점이다. 공이 보이지 않으니까 어쩔 수 없는지도 모른다. 그러나 매우 이상한 것은, 이따금 타자가 헛 스윙을 한 뒤에 공이 그 바로 뒤에서 캐처의 미트에 들어가는 일이다. 주걱 같은 배트 옆으로 공이 돌아들어가는 것일까?

드디어 시합은 9회 말로 접어들었다. 타자 박스에는 B팀의 명타자 하웅수 선수가 들어갔다. 김 선수가 혼신의 힘을 다하여 강속구를 하선수의 가슴 앞으로 찔러 넣었다. 하선수의 배트가 번쩍했다. 공의 행방은 알 수가 없다. 한참 동안 공은 아무 데서도 나타나지 않는다. 그러자 갑자기 스탠드에서 와하고 함성이 터졌다. 맨 앞줄의 관객이 공을 잡은 것이다.

극적인 굿바이 홈런이다. 하 선수는 그라운드를 돌기 시작했나. 그런데 바로 그 순간 A팀의 벤치에서 감독이 나타나 심판에게 항의를 제기했다. A팀 쪽은 홈런의 무효를 주장하는 것 같다. 하지만 공은 확실히 스탠드로 들어가지 않았는가?

오랫동안 항의가 계속되자 관중석에서 우우 하고 야유가 터졌다. B팀의 감독도 참가한 삼자 회담이 계속되었다. 겨우 결론이 나온 것 같다. 심판이 설명을 하러 마이크 앞에 섰다.

「지금의 타구는 홈런이 아니었습니다」

의외의 판정에 구장은 한 순간 정적이 흘렀다. 심판의 설명이 계속된다.

「타구는 일단 레프트 스탠드의 벽에 부딪혔다 그대로 벽을 통과하여 스탠드 안으로 들어갔다는 것이 판명되었습니다. 이것은 엔타이틀 투 베이스, 즉 2루타인 것입니다」

양자역학(量子力學)을 사용하여 빛의 이미지를 설명한다면 이런 식으로나 될까? 20세기 전반에 탄생한 양자역학은 빛과 원자의 세계를 밝혀 준다. 빛은 파동이고 그것도 전자기파라는 것은 이미 밝혀졌지만, 빛은 더 심오한 비밀을 지니고 있다. 빛의 정체를 다시금 추구해가면서 미시의 세계로 들어가자.

1. 빛의 입자성

볕에 타는 불가사의

태양의 강한 햇볕을 쬐면 살결이 검게 탄다. 햇볕에 타는 원인이 태양광선 속의 자외선에 있다는 것은 현재 누구라도 알고 있는 일이다.

그래서 왜 자외선으로 볕에 타는지, 또 다른 빛에서는 이런 일이 일어나지 않는 것인지를 생각해 보자.

빛은 전자기파의 일종이지만 파장에 따라서 그 색깔이 다르다. 붉은 빛의 파장이 제일 길고, 등, 황, 녹, 청, 남, 자줏빛의 순서로 차츰 파장이 짧아지고 있다. 이 7가지 색이 가시광선이다. 그리고 붉은빛보다도 파장이 긴 전자기파를 적외선이라고 부르고, 반대로 보랏빛보다 짧은 전자기파가 햇볕에 타는 원인이 되는 자외선이다.

파장이 짧은 자외선만이 햇볕에 타는 것과 관계된다. 이 신비한 현상 속에 빛의 비밀을 푸는 힌트가 숨겨져 있다.

빛은 전자를 두들겨낸다

햇볕에 타는 문제는 빛이 다른 물질에 작용할 때, 그 파장이 중요한 의미를 지니고 있음을 가리키고 있다. 이 파장의 중요성을 가장 명확하게 나타내는 현상이 **광전효과(光電效果)**이다. 광전효과란 금속에 빛을 쬐면 금속으로부터 전자가 튀어 나오는 현상이다.

양자역학의 발단의 하나로서 유명한 광전 효과는 우리도 간

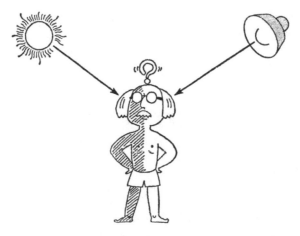

〈그림 5-2〉 햇볕에 타는 것은 자외선으로 일어나고,
적외선으로는 일어나지 않는 까닭은?

단히 관찰할 수 있다. 먼저 〈그림 5-3〉과 같이 박(箔)검전기 위에 아연판을 얹어, 검전기를 음에 대전시켜서 박을 열어 둔다. 음에 대전한 박검전기는 전자가 과잉 상태로 되어서 박의 음전하끼리가 서로 반발하여 열려져 있다. 이 검전기 상부의 아연판에 자외선을 쬐면 박이 닫힌다. 그러나 적외선에서는 닫히지 않는다. 즉, 자외선을 쬐었을 때만 검전기의 전자가 밖으로 튀어 나간다는 것을 알 수 있다.

좀 더 자세히 조사해 보면, 이 튀어나간 전자 하나하나의 운동에너지는

① 쬐인 빛의 세기에는 관계가 없다

② 쬐인 빛의 파장이 짧을수록 크다

는 실험결과가 얻어진다.

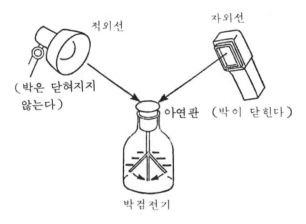

〈그림 5-3〉 광전효과. 자외선에서는 박이 닫히지만
적외선에서는 닫히지 않는다

　이 결과를 보고 「아니, 좀 이상하다」 하고 느끼지 않을까?
특히 ①은 빛의 파동설이 옳다고 하는 입장에서는 불가사의한
현상이다. 빛의 파동이 세면 빛의 에너지는 당연히 커진다. 따
라서 강한 빛을 쬐이면 튀어나오는 전자의 에너지도 커져야 할
것이다. 그런데 실험에서는 빛을 세게 해도 전자의 에너지는
변화하지 않고 그 대신 튀어나오는 전자의 개수가 증가하는 현
상이 관측된다.
　이 실험결과는 빛의 파동설로는 설명할 수가 없다. 그러나
빛이 파동이고 그것도 전자기파의 일종이라는 것은 오랫동안
의 연구로 이미 확립되어 있었던 것이 아닐까? 많은 물리학자
를 괴롭혔던 이 문제의 정답을 발견한 사람이 아인슈타인(A.
Einstein)이다.
　광전 효과를 설명하는 데는 빛을 입자라고 생각하면 된다.
1905년에 아인슈타인은

빛은 그 진동수에 비례한 에너지를 가진 입자로 이루어져 있다.

고 하는 설로 광전효과를 훌륭하게 설명했다. 이 빛 에너지
의 덩어리는 광자(光子) 또는 광양자(光量子)라고 불린다. 광자
를 식으로 나타내면

광자의 에너지 $E = h\nu$

ν : 빛의 진동수

h : 비례상수(플랑크상수라고 한다)

가 된다.

그러면 이 빛의 입자설로 광전효과를 설명해 보자. 실험결과
①은 「튀어나가는 전자의 에너지는 빛의 세기에는 관계가 없
다」고 하는 것이었다. 이 현상은 광자 1개가 전자 1개를 금속
으로부터 두들겨낸다고 생각하면 이해할 수 있다. 이 경우 튀
어나가는 전자의 에너지는 광자 1개의 에너지로서 결정되어 버
린다. 빛을 세게 하면 광자의 수가 증가하여 두들겨내어지는
전자의 수가 많아진다는 것도 자연스레 이해할 수 있다.

실험결과 ②의 「쬔 빛의 파장이 짧을수록 튀어나가는 전자의
에너지가 커진다」고 하는 것은 다음과 같이 생각하면 된다. 파
장이 짧다는 것은 진동수가 크다는 것을 뜻하고 있다. 즉, ②는
「쬔 빛의 진동수가 클수록 튀어나가는 전자의 에너지가 커진
다」고 바꿔 말할 수 있다. 이것은 아인슈타인과 같이, 빛은 진
동수에 비례한 에너지를 지니는 입자라고 생각하면 당연한 일
이다. 자외선은 파장이 짧은, 즉 진동수가 큰 빛이므로 광자 하
나하나의 에너지가 크고, 전자를 강하게 두들겨내는 성질을 지

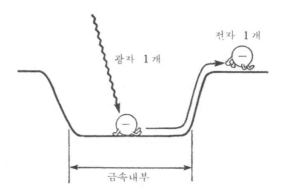

〈그림 5-4〉 광전효과의 메커니즘. 빛의 입자(광자)가
금속 속의 전자를 두들겨낸다

니는 것이다.

마찬가지로 자외선이 햇볕에 타는 원인이 되는 것도 광자설
(光子設)로서 비로소 이해할 수 있다. 햇볕에 탄다는 것은 빛의
에너지에 의해서 살결의 세포 내의 분자에 일어나는 화학변화
이다. 이 화학 변화가 생기는 데는 일정한 값 이상의 에너지가
필요하다. 광자설에 의하면 적외선이나 가시광선에서는 진동수
가 작기 때문에, 그 광자의 에너지는 이 변화를 일으키기에는
너무나 작다. 광자의 에너지가 큰 자외선만이 햇볕에 타게 하
는 원인이 된다는 것을 이것으로 이해할 수 있다.

다시 빛은 입자인가, 파동인가?

광전 효과로 빛이 입자의 성질을 지니고 있음을 알게 되면
새로운 문제가 생긴다. 빛이 파동이라고 하는 지금까지의 이론
은 모조리 버려야만 하는 것일까? 물론 그런 일은 없다. 빛의
양자론은 옛날의 입자설의 단순한 부활이 아니다. 아인슈타인

의 광자 속에는 빛의 진동수가 들어 있다는 점에 주의하자. 진동수라고 하는 양은 입자가 아니라 파동의 성질이다. 즉 광자는 에너지의 덩어리로서의 입자의 성질과 진동수로 나타내어지는 파동설의 성질, 양쪽을 지니고 있다.

굴절, 간섭, 회절 등에서는 빛은 파동의 성질을 나타내고, 광전 효과, 햇볕에 타는 것 등에서는 빛은 입자의 성질을 가리킨다. 그러나 이것은 좀 기묘하게 느껴진다. 우리의 일상 체험에서는 입자와 파동은 전혀 별개의 것이며, 이 둘을 통일한 「것」을 상상하는 것은 거의 불가능하다.

2. 물질도 파동이다

드 브로이의 모험

파동이라고 생각되고 있던 빛이 입자설을 지닌다고 하는 의외의 사실이 밝혀지는 가운데, 더 대담한 생각이 드 브로이(L. V. de Broglie)에 의해서 제안되었다. 드 브로이는 빛이 파동과 입자의 이중의 성질을 지니는 것이라고 한다면, 전자와 같이 지금까지 입자라고 생각되고 있었던 것도, 입자와 파동의 이중 성질을 지닐 것으로 생각한 것이다. 이와 같은 물질입자가 지니고 있는 파동을 물질파(物質波 또는 드 브로이파)라고 부른다. 이 물질파의 파장 λ는

$$\lambda = \frac{h}{mv}$$

m : 입자의 질량

v : 입자의 속도

h : 플랑크상수

가 된다는 것이 드브로이의 예측이다. 지금까지 물질입자가 파동의 성질을 지닌다고 하는 따위의 일은 누구도 착상한 적도, 실험으로 조사해 보려는 일도 없었다. 「정말 기묘한 아이디어구나」하고 많은 사람이 생각했다. 그런데 드 브로이의 이론적 예측이 나오자 바로 이 물질파의 존재가 실험에 의해서 확인되었다.

전자빔의 회절

작은 구멍(핀 홀)을 통과한 광파가 확산하는 현상을 회절(回折)이라고 한다(1장 참고). 회절은 수면파나 음파 등에서도 볼 수 있는 파동 특유의 현상이다. 회절을 관찰하는 방법은 이 핀 홀이나 그 밖에도 여러 가지가 있다. 여러분은 새의 깃털을 통해서 자신의 손가락을 본 적이 있을까?(붉은 깃털 등을 샀을 때에 보면 재미있다)

깃털을 통해서 보면 손가락의 중앙은 빛을 통과하지 않지만 주위의 부분은 반투명이 된다. 마치 손가락이 투명해져서 속의 뼈가 보이는 것 같다. 물론 뼈가 보이는 것은 아니다. 이 현상은 새의 깃털이 가느다란 틈새(슬릿이라고 한다)를 만들고 있어서, 빛이 돌아서 들어오기 때문에 일어난다.

또 하나, 회절을 관찰하는 방법을 들겠다. 그것은 명주 수건이나 가느다란 쇠 그물과 같이 격자모양의 줄무늬를 통해서 촛

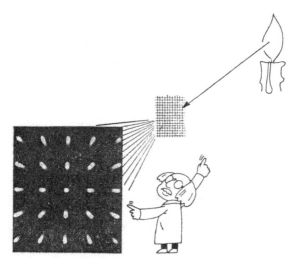

〈그림 5-5〉 가느다란 격자를 통해서 빛을 보면 아름다운
회절무늬가 보인다

불의 빛을 보는 방법이다. 이때는 격자의 무수한 작은 구멍을
통과한 빛이 서로 겹쳐져서 아름다운 무늬를 만들어낸다.

　그러면 다시 물질파의 문제로 돌아가자. 전자빔을 사용하여
회절을 관찰할 수 있으면, 전자파(電磁波)의 존재가 확인될 수
있을 것이다. 회절은 파장이 긴 파동에서 일어나기 쉽고 짧은
파동에서는 일어나기 어렵다. 드 브로이의 예측에 의하면 전자
파의 파장은 극히 짧아서, 전자기파 중에서도 가장 파장이 짧
은 X선과 같을 정도이다. 이래서는 손수건과 같은 눈이 거친
격자로는 도저히 보이지 않는다. 그러나 단념할 필요는 없다.
실은 결정을 형성하고 있는 원자의 격자가 마침 알맞은 크기로
되어 있다. 결정은 원자가 규칙적으로 배열해 있으므로 손수건
과 같은 역할을 할 수 있다.

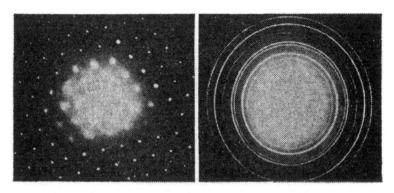

〈그림 5-6〉 전자빔을 결정의 격자에 쬐면 빛과 같은 회절을 볼 수 있다

이리하여 결정을 사용하여 드 브로이의 예측을 확인하는 실험이 성공했다. 〈그림 5-6〉과 같이 전자선으로도 X선과 같은 회절무늬가 얻어진 것이다. 이것을 전자선회절(電子線回折)이라고 부르는데, 현재 이 방법은 물질의 결정구조를 조사하는 데에 큰 도움을 주고 있다.

이리하여 빛뿐만 아니라 물질도 입자와 파동의 두 성질을 지니고 있다는 것을 알게 되어 문제는 더욱 심각해졌다.

3. 보어의 원자모형

태양계와 원자

빛이나 전자의 이중성격이 분명해지는 것과 전후하여 물리학의 메스는 원자의 구조로 파고들고 있었다. 원자에는 그 중심

〈그림 5-7〉 맥스웰의 전자기학에 의하면, 원자핵 주위의
전자는 10^{-11}초에서 원자핵에 빨려든다

에 원자핵이라고 하는 양전하를 가진 작은 핵이 있고 그 바깥
쪽을 전자가 돌고 있다.

이 원자의 구조를 보면 누구라도 금방 생각나는 일이 있다.
그것은 태양계와 원자는 크기에 있어서는 다르지만, 같은 법칙
을 따르고 있는 것이 아닐까 하는 점이다. 확실히 태양계를 유
지하고 있는 만유인력과 원자 속에서 작용하는 전기력은 거리
의 제곱에 반비례한다는 같은 형태의 법칙을 따르고 있다. 그러
나 좀 더 깊이 생각해 보면 이 아이디어가 안이한 생각이라는
것을 알 수 있다. 이를테면 산소 원자가 2개 결합하면 산소 분
자가 되고, 이것을 다시 분해하면 본래의 산소 원자로 되돌아간
다. 그런데 우리 태양계에 또 하나의 같은 태양계가 가령 크게
접근했다가 다시 갈라져 나가는 경우를 생각하면, 태양계의 구
조는 격변할 것이 틀림없다. 이것은 뉴턴역학을 그대로 원자나

분자에 적용하는 것이 불가능하다는 것을 암시하고 있다.

그뿐이 아니다. 원자핵 주위를 전자가 회전하고 있다고 하면, 전자의 운동에 의해서 전자가 만드는 전계가 변한다. 전자기 이론에 의하면, 전계가 변화하면 자계의 변화가 생기고 전자기 파가 발생한다. 전자기파는 에너지를 가져가기 때문에 전자는 에너지를 상실하여, 궤도의 반지름이 작아지고 마지막에는 원자핵에 흡수되고 만다. 계산에 의하면 전자가 원자핵으로 빠져들기까지의 시간은 10^{-11}초라는 엄청나게 짧은 시간이다. 이래서는 원자나 분자가 자연계에서 안정하게 존재하는 사실을 전혀 설명할 수가 없다. 즉, 맥스웰의 전자기학도 원자의 세계에서는 통용되지 않는다는 것을 알았다.

원자로부터의 사자—스펙트럼

이와 같이 여태까지의 물리학의 이론으로는 원자의 세계를 해명할 수 없다고 하면, 도대체 어떻게 해야 할까? 원자의 구조와 같은 작은 세계는 아무리 훌륭한 현미경으로도 볼 수가 없다. 원자의 구조를 알기 위한 실마리가 될 만한 것은 없을까?

사실은 여기에 가장 적합한 한 가지 실마리가 있다. 그것은 원자가 방출했다가 흡수했다가 하는 빛의 스펙트럼이다.

태양이나 백열전구의 빛은 프리즘으로 나누면 무지개의 7색깔이 연속적으로 이어져 있다. 이것을 연속 스펙트럼이라고 한다. 한편 청백색 빛을 내는 수은등이나 오렌지색의 나트륨등의 빛은 띄엄띄엄한 불연속적인 몇 가닥의 밝은 선으로 이루어져 있다. 이쪽은 선 스펙트럼이라고 불린다. 이 선 스펙트럼의 상태는 원자의 종류에 따라서 각양하다. 나트륨등이 오렌지색, 네

178

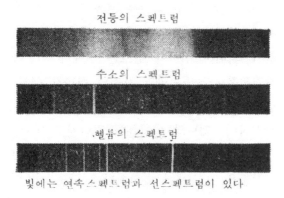

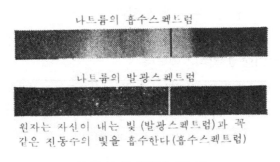

전등의 스펙트럼

수소의 스펙트럼

헬륨의 스펙트럼

빛에는 연속스펙트럼과 선스펙트럼이 있다

나트륨의 흡수스펙트럼

나트륨의 발광스펙트럼

원자는 자신이 내는 빛(발광스펙트럼)과 꼭
같은 진동수의 빛을 흡수한다(흡수스펙트럼)

〈그림 5-8〉 빛의 스펙트럼

온등이 붉은 색인 것은 원자가 각각 특유한 선 스펙트럼의 빛
을 내기 때문이다.

원자의 선 스펙트럼에는 또 한 가지의 중요한 성질이 있다.
이를테면 나트륨원자는 고온에서는 오렌지색의 선 스펙트럼의
빛을 내지만, 저온이 되면 반대로 같은 진동수의 빛을 흡수한
다. 다른 원자도 마찬가지로

원자는 자신이 내는 빛과 꼭 같은 진동수의 빛을 흡수한다.

이 선 스펙트럼의 진동수가 배열하는 방법은 자세히 살펴보면 규칙적으로 되어 있다. 이것은 원자의 구조와 어떤 관계가 있을 것이 틀림없다. 원자가 내거나 흡수하거나 하는 빛은 원자의 내부가 어떻게 되어 있느냐고 하는 문제를 해결하는 열쇠가 된다.

띄엄띄엄한 전자궤도

원자가 특정 진동수의 빛을 내거나 흡수하거나 하는 것은 어째서일까? 빛은 광자라고 불리는 에너지의 덩어리다. 광자의 진동수가 특정한 값밖에 취하지 않는다는 것은 광자의 에너지도 특정한 값이라는 것을 뜻하고 있으므로, 빛의 발광이나 흡수 때 원자 속에서 에너지가 특정한 값만큼 띄엄띄엄하게, 즉 불연속적으로 변화하고 있다는 것을 알 수 있다.

그렇다면 에너지와 함께 무엇이 변화하고 있을까? 앞에서 말한 태양계형 원자모델을 생각해 보자. 원자핵 주위를 돌고 있는 전자의 궤도가 특정한 반지름만을 취하고, 그 반지름이 띄엄띄엄하게 변화한다면 에너지도 띄엄띄엄 변화할 것이다.

이와 같은 추리에 의해서 우리는 보어(N. H. D. Bohr)의 원자모형에 도달할 수 있다. 보어의 견해는 다음과 같이 요약된다.

① 원자핵 주위를 도는 원자는 어떤 일정한 띄엄띄엄한 궤도와 에너지밖에는 취할 수가 없다(이 에너지가 일정한 상태를 정상상태라고 부른다).

② 전자는 정상상태로 있을 때는 안정하여 빛을 내지 않는다. 전자가 높은 에너지의 정상상태로부터 낮은 에너지의 정상상태로 점프할 때 광자 1개를 방출하고, 반대의 경우는 광자 1개를 흡수

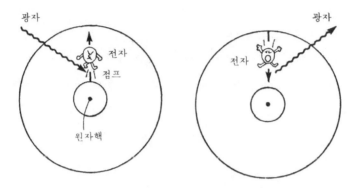

〈그림 5-9〉 전자가 큰 궤도로부터 작은 궤도로 점프할 때 광자
1개를 방출한다. 광자를 흡수하면 역점프를 한다

한다.

이 ①과 ②에 의해서 원자의 선 스펙트럼을 잘 설명할 수 있다.

이리하여 보어의 원자모형에 의해서 원자의 내부 사정이 비로소 밝혀졌다. 원자의 내부는 처음에 예상했던 태양계와 같은 것과는 크게 달랐다. 전자의 궤도와 에너지가 띄엄띄엄한 값밖에 취할 수 없다고 하는 따위의 일은, 태양계의 행성에서는 있을 수 없는 일이다. 미시 세계의 두드러진 특징은 이와 같은 불연속성이 나타나는 데 있다.

그러나 도대체 왜 궤도와 에너지가 불연속으로 되는 것일까? 이와 같은 새로운 의문이 일게 된다.

전자궤도가 띄엄띄엄하게 되는 것은?

전자의 궤도와 에너지가 띄엄띄엄하게 되는 이유는 전자의 파동성에 있다. 파동이 겹쳐지면 정상파가 생긴다는 것을 상기하자. 이를테면 기타 등의 악기의 현에는 정상파가 생겨 있다.

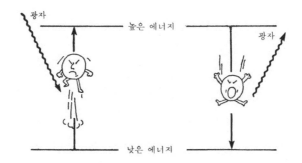

〈그림 5-10〉 전자가 높은 에너지 상태로부터 낮은 상태
로 떨어질 때 광자 1개를 방출한다

이 정상파는 특정 파장의 것밖에는 생기지 않는다.

전자의 원 궤도의 경우에도 같은 일이 일어난다. 전자파가
원을 따라가면서 원만하게 정상파가 될 수 있는 경우에만 전자
는 안정 상태로 될 수 있다. 그와 같은 원 궤도는 어떤 반지름
이라도 다 좋다는 것은 아니므로 띄엄띄엄 한 것으로 밖에는
되지 않는다.

이리하여 보어의 원자모형은 큰 성공을 거두었지만 전혀 문
제가 없었던 것은 아니었다. 특히 다음의 두 가지 의문에 대해
서는 대답하고 있지 않다.

① 파동성을 지닌 전자의 궤도란 어떤 것인가?

② 전자가 궤도 사이를 점프한다고 말하는데 어떻게 뛰는 것인가?

보어의 이론은 현재 전기양자론(前期量子論)이라고 불리는데,
이 두 가지 의문에는 대답할 수가 없다. 이 문제를 정말로 해결
한 것은 하이젠베르크(W. Heisenberg), 슈뢰딩어(E. Schrödinger)
에 의해서 만들어진 양자역학(量子力學: 量子論)이다. 우선 파동과

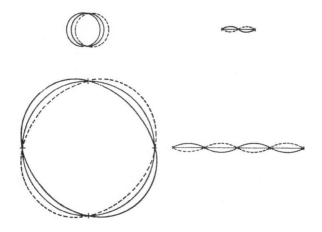

〈그림 5-11〉 전자의 정상파와 현의 정상파. 전자의 파동이
원 궤도를 따라가면서 정상파로 잘 될 수 있
는 경우에만 전자가 안정되어 있다

입자의 통일문제부터 고찰하기로 하자.

4. 파동과 입자의 통일

상식을 버려라

파동과 입자를 통일하는 문제는 양자역학의 난관 중 하나라
고 일컬어지고 있다. 이 문제를 생각할 때 일어나는 좌절의 원
인은 어디에 있을까? 「평소에 늘 보고 있는 물의 파동 따위와,
공 등의 입자를 통일된 이미지로 만들 수는 없을까?」하고 누구

라도 우선 생각한다. 그것이 좋지 못하다. 단테(A. Dante)의
『신곡(新曲)』 지옥 편에는 「여기로 들어가는 자는 모든 희망을
버려라」고 말하고 있다. 양자역학의 세계로 들어가는 우리는
희망을 버릴 필요는 없다. 그러나 일상의 이미지는 버릴 필요
가 있다. 이를테면 오리가 헤엄을 치면서 수파를 일으키고 있
는 것과 같은 이미지를 그리는 것은 잘못이다. 또 실지렁이와
같은 작은 빛의 파동의 덩어리가 수많이 날아오고 있는 것과
같은 그림도 흔히 보지만, 이것도 하나의 비유로 보아야 할 필
요가 있다. 일상의 파동과 입자를 통일하려는 일은 그만 두자!
아인슈타인을 비롯한 수많은 물리학자가 이 방법에 도전했으나
아직 한 사람도 성공하지 못했다. 오히려 빛이나 전기가 가리
키는 파동성과 입자성의 실태를 먼저 확실히 관찰하는 일이 더
중요하다.

다시 빛의 간섭

빛의 경우를 예로 들어 생각해 보자. 빛이 파동이라는 것을
명확히 가리키는 실험으로서 가장 유명한 것은 영(T. Young)
의 간섭의 실험이다. 이 실험은 〈그림 5-12〉와 같은 구조로
되어 있다.

광원으로부터의 빛은 최초의 슬릿 S를 통과하여 회절에 의해
서 원형으로 확산하고, 다음의 두 슬릿 S_1과 S_2로부터 2개의
원형의 파동이 되어 서로 겹쳐진다.

이 중첩에 의해서 스크린 위에 밝은 줄무늬와 어두운 줄무늬
가 번갈아 배열하여 나타난다. 명암의 간섭무늬는 다음과 같이
생긴다. 그림의 실선이 파동의 마루, 점선이 파동의 골이라고

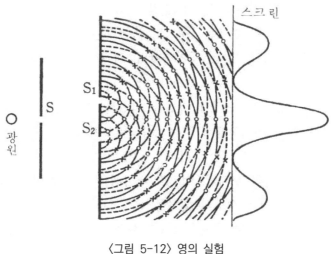

〈그림 5-12〉 영의 실험

하자. ○표인 곳은 마루와 마루, 골과 골이 중첩되고 파동은 서로 보강한다. 한편 ×표인 곳은 마루와 골이 중첩되고 파동은 상쇄한다. 서로가 보강하면 밝아지고 상쇄하면 어두워지기 때문에 스크린 위에는 명암의 줄무늬가 번갈아 가면서 나타난다.

광자는 하나하나라도 간섭한다

이 빛의 간섭을 빛의 입자(광자)로서 생각하면 어떻게 될까? 상식적으로는 많은 광자 중에서 슬릿 S_1을 통과한 광자와 S_2를 통과한 2개의 광자가 서로 간섭한다고 생각하면 잘 설명할 수 있을 것 같다. 그런대도 그게 아니다.

광원의 밝기를 자꾸 어둡게 만든다. 그러면 광원으로부터의 광자의 수가 줄어들고, 광자가 하나씩 띄엄띄엄 오게 된다. 광자가 시간을 두고 하나씩 온다면 간섭은 일어나지 않을 것이다. 그런데 이 경우에도 긴 시간을 들이면 광원이 밝은 경우와

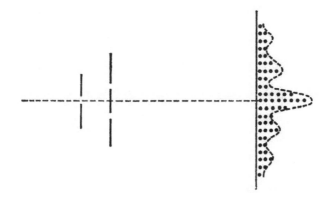

〈그림 5-13〉 ⒜ 띄엄띄엄 하게 오는 광자의 분포가 줄
무늬모양을 만든다

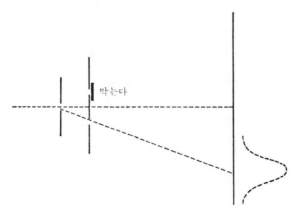

막는다

〈그림 5-13〉 ⒝ 슬릿의 한쪽을 막으면 간섭무늬는
전혀 관측되지 않는다

똑같이 간섭무늬가 나타난다. 이때

① 하나하나의 광자는 스크린 위의 어딘가 한 점에 띄엄띄엄 점을
남긴다(입자성).

② 긴 시간을 들이면 수많은 광자의 분포가 줄무늬로 된다(파동성).

이 줄무늬가 형성되는 방법의 메커니즘은 우리의 상상과는 달리 참으로 의외라는 느낌이 든다.

하나하나씩 흩어져 있는 광자로부터 어떻게 하여 간섭무늬가 만들어질까? 도대체 하나하나의 광자는 S_1과 S_2의 어느 쪽 슬릿을 통과했을까?

이것을 조사하기 위해 슬릿의 한쪽을 막아보자. 그러면 이번에는 간섭이 전혀 관측되지 않는다. 즉, 하나하나의 광자가 어느 쪽 슬릿을 통과했는지를 분명히 해버리면 간섭은 일어나지 않는 것이다.

간섭무늬가 만들어지는 방법을 찍은 매우 희귀한 사진을 보아주기 바란다(〈그림 5-13〉의 ⓒ). 하나하나의 광자의 위치가 브라운관에 나타나 있어, 광자가 증가하면 줄무늬가 나타나는 상태를 썩 잘 알 수 있다.

사태를 더욱 명확하게 하기 위해 슬릿 2개를 열어둔 채로 한쪽 슬릿 뒤에 전자를 분포시켜 두고, 전자가 튕겨나갔는지의 여부로 광자가 어느 쪽의 슬릿을 통과했는지를 판정하기로 하자. 전자를 짙게 분포해 두면 광자가 어느 쪽 슬릿을 통과했는지 어김없이 알 수 있다. 그런데 이때는 간섭이 전혀 일어나지 않는다. 그래서 전자를 조금씩 옅게 해 간다. 그러면 전자와 만나지 않고 어느 쪽 슬릿을 통과했는지도 모르는 광자가 증가한다. 그와 함께 간섭무늬가 나타나고 차츰 뚜렷해진다.

이렇게 하여 광자가 어느 쪽 슬릿을 통과했는지도 모르는 경우에만 간섭무늬가 생긴다는 것이 명확해졌다. 이렇게 되면 광자는 마치 유령처럼 보이지만 이것이 실험이 가리키는 자연의

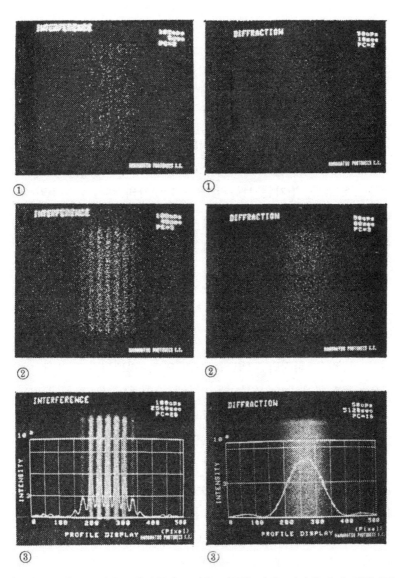

〈그림 5-13〉 (c) 광자를 하나하나로 잡은 귀중한 사진. 광자의 수가 많아지면 간섭무늬가 나타나는 상태를 잘 알 수 있다

모습이다.

여기에서 먼저 우리에게 입자의 이미지 전환이 요구되고 있다. 입자에 대해서 우리가 생각하는 이미지는 야구공과 같이 그 궤도가 명확한 단단한 물체이다. 광자는 그와 같은 입자(고전적 입자라고 한다)가 아니다. 광자(양자론적 입자라고 한다)는 2개의 슬릿 중의 어느 것을 통과했는지 알 수 없기 때문에, 양자론적 입지에는 "궤도라는 것이 없다"라고 생각할 수밖에 없다. 즉 광자, 전자는 보통의 거시적 입자의 성질을 모조리 지니고 있는 것이 아니라는 뜻이다. 이리하여 우리는 광자나 전자에 대해서 입자가 지니는 성질의 일부를 버리지 않으면 안된다.

단념하는 입장

「궤도를 버린다」, 「보통의 거시적인 입자의 성질을 일부 버린다」고 말을 하지만 그렇게 간단하게는 이해되지 않는다. 야구의 홈런 공을 보고 있는 우리가 도중에서 잠깐 눈을 감았다고 하더라도 공은 여전히 매끈한 궤도를 그리고 있는 것다. 이것은 틀림없다. 그 동안 눈을 뜨고 공을 보고 있었던 사람이 그 정당성을 보증해 준다.

빛의 간섭 실험 때 2개의 슬릿의 어느 쪽을 통과하는지를 조사하지 않는 경우가, 마치 우리가 눈을 감고 있는 경우에 해당한다. 이때 광자의 궤도가 있느냐 없느냐가 현재 당면하고 있는 문제이다. 야구공 때와는 달리 이번에는 달리 보고 있는 사람이 아무도 없다. 이 상황을 생각할 때 두 가지 입장이 있을 수 있다.

1. 설사 광자의 위치를 관측하지 않더라도 야구공과 마찬가지로 궤도가 존재하고 있을 것이다.

2. 아니다. 그와 같은 궤도를 생각하는 것은 무의미하다. 실험에서 관측할 수 없는 것의 존재를 이렇다 저렇다 말할 수는 없다.

전자가 아인슈타인이 취한 입장이고, 후자가 보어와 하이젠베르크의 입장이다. 아인슈타인의 사고방식이 감각적으로 공감을 준다. 후자의 생각에는 일종의 체념이 느껴진다. 실제로 이 문제를 논한 보어의 문장 속에는 「단념한다」는 말이 번질나게 나온다. 양자역학은 관측하지 않는 때의 빛이나 전자의 구체적인 이미지를 그려내기를 단념하는 입장에 서 있다.

물론 보어나 하이젠베르크는 안이하게 이와 같이 체념하는 입장을 취한 것은 아니다. 실제로 광자가 공처럼 공간을 날아가고 있는 상태가 관측된 일은 아직껏 한 번도 없다. 광자는 스크린 위에서 관측되었을 때에만 하나의 점으로써 모습을 나타낸다. 도중의 구체적인 이미지를 명확하게 드러낸 이론을 만들려고 많은 사람이 시도해 보았지만 현재까지는 모두 실패했다. 도중의 빛이 입자라든가 파동이라고 하는 이론을 자연은 계속 거부하고 있는 것이다.

실은 여기서 우리는 과학에 있어서의 **관측의 문제**라고 하는 큰 문제에 부닥치고 있다.

관측은 자연을 교란한다

도대체 물체를 관측할 때 어떤 사태가 일어나고 있을까? 우리 눈에 물체가 보이는 것은 물체로부터의 광자가 눈에 도달했

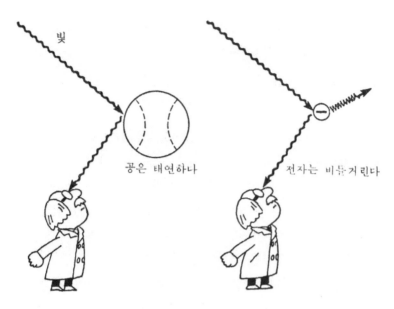

빛

공은 태연하나

전자는 비틀거린다

〈그림 5-14〉 관측되는 대상이 전자처럼 작으면 빛의 충돌로 비틀거린다

을 때뿐이다. 어떤 관측 장치를 사용하더라도 이것만은 변함이 없다. 이를테면 전자를 관측하려고 생각하면 광자를 전자에 충돌시켜 도로 튕겨 오는 광자를 관측하지 않으면 안 된다.

공과 같이 큰 입자는 충돌한 광자에 의해서 영향을 받는 일이 없다. 그러나 전자와 같이 미크로한 입자는 광자에 충돌하면 비틀거리고 만다. 어떻게 비틀거리느냐는 것은 그때그때에 따라 구구하다. 즉 관측은 반드시 상대에게 불확정한 영향을 준다. 이것은 미시의 세계에서는 피할 수 없는 본질적인 문제이다.

빛의 간섭의 실험에서 도중의 궤도를 관측에 의해서 명확하게 해 버리면 간섭이 일어나지 않고, 관측을 하지 않고 명확하게 하지 않으면 간섭이 일어난다. 즉, 관측은 빛의 상태를 바꾸어 버린다. 따라서 아인슈타인과 같이 관측을 하지 않는데도 궤도가 있다고 생각하면 아무래도 간섭을 설명할 수가 없는 것이다.

5. 불확실한 세계의 지배자—파동함수

불확정성 원리

관측이 대상에 반드시 영향을 준다고 하는 심각한 사태를 추구한 하이젠베르크는 이 영향의 문제가 물리학의 이론 속에 당연히 끼어들 것이라고 생각하여 이것을 하나의 원리로 통합했다. 그것이 불확정성 원리(不確定性原理)이다.

전자가 하나의 슬릿을 통과하여 회절로 확산하는 경우를 예로 들어 이 원리를 생각해 보자. 전자가 통과하는 슬릿의 폭은 매우 좁은 것이기는 하지만, 결코 제로는 아니며 유한한 크기를 지니고 있다. 따라서 전자가 슬릿 사이의 어느 점을 통과했는가는 관측하고 있지 않기 때문에 알 수가 없다. 즉, 슬릿을 통과하는 시점에서 〈그림 5-15〉의 y축 방향의 전자의 위치에는 슬릿 폭 만큼의 애매성이 있다. 한편 전자가 회절로 확산한다는 것은 슬릿을 통과했을 때, 전자는 슬릿과 평행인 방향(그림의 y축 방향)으로도 속도를 갖고 있다는 것을 의미한다. 또 전자가 회절로 띄엄띄엄하게 도착하는 점에는 그때그때에 따라

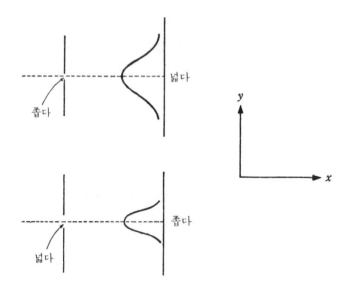

〈그림 5-15〉 불확정성 원리. 슬릿을 좁게 하여 위치를 정밀하게
측정할수록 전자의 분포가 확산되고 y방향의 속도가
명확하지 않게 된다

서 균일하지 못한 분산이 있다. 이것은 슬릿을 통과한 직후 전
자의 y방향의 속도에 애매성이 있다는 것을 가리키고 있다.

그런데 여기서 슬릿의 폭을 좁게 하면 회절이 커지고, 반대
로 넓게 하면 회절이 작아진다. 이것은 모든 파동에도 공통으
로 볼 수 있는 성질이었다.

그렇게 하면 다음의 일을 알 수 있다.

① 슬릿 폭을 좁게 하여 전자의 위치를 정확하게 결정하려 하면, y
   방향의 전자의 속도가 명확해지지 않는다.

② 반대로 슬릿의 폭을 넓혀 전자의 속도를 명확하게 하려 하면,
   이번에는 전자의 위치가 불확실하게 되어 버린다.

이와 같이 전자의 위치와 속도의 양쪽을 동시에 엄밀하게 측정한다는 것은 아무리 연구를 해도 불가능하며, 한쪽을 정확하게 측정하면 반드시 다른 쪽이 불확실하게 된다. 이것이 불확정성 원리이다.*

입자가 발견되는 확률을 결정하는 파동

다음에는 빛이 지니고 있는 파동으로서의 성질의 정체를 명확히 해 보자. 수파나 음파와는 어떻게 다를까? 영의 간섭실험에서 광자가 하나씩 광원으로부터 오는 상태 속에 힌트가 있다. 이 실험에서는 하나하나의 광자는 필름 위에 점으로 나타날 뿐이지만, 수많은 광자의 분포 방법이 명암의 줄무늬를 만드는 것이었다.

이때 하나하나의 광자가 필름의 어느 위치에 오는지는 예측할 수가 없다. 광자는 제멋대로 임의의 위치에 오는 것처럼 보인다.

우리는 이와 같은 사태를 열에 관한 데서 한번 체험했었다. 분자의 운동이 무질서하더라도 통계적으로는 법칙이 성립되었다. 빛이 간섭을 일으키는 것은 마찬가지로 통계적인 성질이다. 명암의 줄무늬가 생긴다는 것은 광자가 오기 쉬운 곳과 오기 어려운 곳이 있다는 것을 가리키고 있다. 즉, 하나하나의 광자는 전혀 불규칙하게 필름으로 오는 것이 아니라, 어디로 오기 쉬우냐고 하는 확률이 결정되어 있다. 밝은 줄무늬인 곳으로는 광자가 오는 확률이 높고, 어두운 줄무늬의 곳은 낮은 것이다.

---

* 이 원리의 정확한 표현 방법은 「운동량의 불확실성×위치의 불확실성≧플랑크상수」이다. 운동량이란 질량×속도를 말한다.

이리하여 빛의 파동성도 수파나 음파와 같은 파동과는 전혀 다르며, 광자가 발견될 가능성의 크고 작음을 나타내는 것이라는 것이 밝혀졌다. 즉,

> 「빛의 파동은 광자가 어디서 관측되느냐고 하는 가능성의 크고 작음을 가리키는 확률의 파동이다」

라고 하게 된다. 이와 같이 입자가 관측되는 확률을 가리키는 파동은, 광자나 전자의 행동을 배후로부터 결정하는 것으로서 파동함수(波動函數)라고 불리고 있다.

지금까지 광자를 중심으로 하여 이야기를 진행시켜 왔는데, 전자의 입자성도 파동성도 이상과 같은 빛의 경우와 마찬가지로 생각할 수가 있다. 입자와 파동이 한데 뭉쳐졌다고 하는 양자역학의 사고방식은 무엇인가 신비한 인상을 주기 쉽지만 그런 일은 없다. 야구공과 수파를 통일하려 하면 아무래도 모순을 피할 수가 없다. 그러나 빛이나 전자의 이중성격은 그러한 것이 아니다.

숨은 지배자—파동함수

불확정성 원리에 의해서 미시의 세계에서는 모든 것이 불확정하게 되어 버리고, 어떤 법칙도 성립하지 않는 것일까? 물론 그런 일은 없다. 미시의 세계에는 미시의 세계에 특유한 법칙이 있다. 지금까지의 양자역학의 이야기는 왠지 미흡하다고 느끼는 사람도 많으리라고 생각한다. 그것은 운동방정식이 없기 때문이다. 뉴턴역학에서는 운동방정식이 물체의 행동을 예측한다. 양자역학에서 이것에 해당하는 식은 슈뢰딩어의 파동방정

식이라고 불린다. 뉴턴의 운동 방정식은 입자의 위치와 속도 그리고 궤도를 부여한다. 이것에 대해 양자역학의 파동방정식은 이름 그대로 공간으로 퍼져 있는 파동의 형태를 부여한다. 이 파동이 파동함수이다. 이 파동 함수야말로 양자역학의 주역인데, 실은 이 파동함수 자체를 관측할 수는 없다. 이것이 수파나 전자기파와 같이 직접으로 관측할 수 있는 파동과 파동함수가 결정적으로 다른 점이다.

파동함수는 전자 등이 가리키는 입자성과 파동성이라고 하는 두 가지 행동을 배후로부터 통합하고 있다. 그 메커니즘은 다음과 같다.

1. 파동함수의 크기가 거기에서의 입자의 발견 용이성을 결정한다. 여기서 입자성이 나타난다.*
2. 이 입자의 분포방법에 파동함수가 지니고 있는 파동의 성질이 나타난다.

이와 같이 양자역학은 숨은 지배자-파동함수가 관측되는 현상을 결정한다고 하는, 지금까지의 이론과는 근본적으로 다른 구조를 지니고 있다.

전자의 구름을 관측하자

수소원자인 경우의 전자의 분포를 관측하자. 〈그림 5-16〉은 파동방정식으로 결정되는 전자의 분포를 마이컴으로 그려 본 것이다. 점이 짙은 곳은 전자가 발견될 가능성이 높은 곳이고,

---

* 정확하게는 「각 점에서의 파동함수의 절댓값의 제곱이, 입자가 거기서 발견되는 확률을 부여한다」

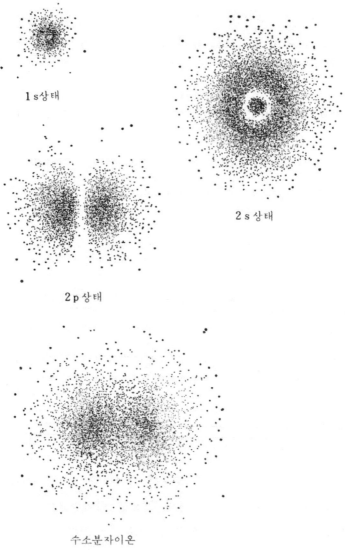

1 s 상태

2 s 상태

2 p 상태

수소분자이온

〈그림 5-16〉 마이컴에 의한 전자의 분포

점이 희박한 곳은 가능성이 낮은 곳이다. 이 그림에서는 전자가 구(球)처럼 분포해 있다. 이것이 전자가 가장 낮은 에너지에 있는 정상상태로서 1s의 상태라고 한다. 보어의 모형과는 달리 여기에는 이미 전자의 궤도는 없다.

다만 이 분포해 있는 전자의 원자핵으로부터의 평균거리는 보어의 제일 작은 원 궤도의 반지름과 일치한다. 보어의 이론이 웬만한 수준까지 가 있었다는 것을 이것으로도 알 수 있다.

다음에는 여기로 광자가 오면 전자는 에너지를 받아서 에너지가 더 높은 정상상태로 옮겨간다. 이때 전자는 원 궤도 사이를 점프하는 것이 아니라, 사실은 파동함수의 형태가 변화하는 것이다. 전자의 분포는 확산하여 이중의 껍질로 된다. 이것은 2s상태라고 불린다.

이 형태는 여러분이 상상하는 것과는 좀 다를지 모른다. 왜 이런 형태가 만들어지는가? 이것은 파동함수의 정상파를 생각하면 이해하기 쉽다.

연못에 돌을 던지면 퍼져나가는 수면의 파동과 마찬가지로, 원자의 중심으로부터 공간 전체로 퍼져가는 구면파(球面波)를 생각한다. 그리고 또 하나는 지금의 파동과는 전혀 반대로, 무한히 먼 곳으로부터 원자의 중심으로 향해서 모여오는 파동을 생각한다. 반대로 진행하는 이 두 파동이 겹쳐지면 그림과 같은 공간의 정상파가 만들어진다. 점이 짙은 곳이 정상파의 마루에 해당하고 엷은 곳이 골이다.

이 2s상태의 전자분포의 원자핵으로부터의 평균거리도 보어의 두 번째로 작은 원 궤도의 반지름과 일치한다.

2s상태와 같은 에너지의 정상상태는 실은 그 밖에도 있다.

이것은 2p상태라고 불린다. 1s, 2s가 원 궤도에 대응하는데 대해 이것은 타원 궤도에 해당하는 것이라고 일단 이해할 수 있다. 더 높은 에너지상태의 전자분포도 마찬가지로 그릴 수가 있다. 이리하여 파동방정식에 의해서 원자핵 주위의 전자의 모든 상태를 완전히 해명할 수 있게 되었다.

양자역학은 확대해 간다

양자역학은 원자의 구조해명에 성공했을 뿐만 아니라, 원자가 어떻게 분자를 만드는지에 대해서도 설명할 수 있다. 수소분자의 이온에서는 2개의 원자핵 주위에 전자가 그림과 같이 분포해 있다.

마찬가지로 탄소는 왜 4개의 결합수로 다른 원자와 결합하느냐고 하는 따위의 분자의 구조나, 화학반응이 일어나는 방법도 양자역학에 의해서 비로소 이해할 수 있다.

또 반도체나 자성체(磁性體)와 같은 여러 가지 물질, 레이저 광선의 발생 메커니즘, 저온에서 일어나는 금속의 초전도(超傳導: 전기저항이 제로가 되어 반영구적으로 전류가 흐르는 현상) 등, 물질과 빛에 관한 여러 현상은 양자역학 없이는 이해할 수가 없다. 생물의 몸도 물론 분자로서 이루어져 있으므로 그것을 해명하는 기초에는 양자역학이 있다. 이와 같이 양자역학은 현대과학의 빼놓을 수 없는 기초이론으로서 광범한 분야에서 활약하고 있다.

변하지 않는 외딴섬

나치가 정권을 잡은 독일에 머물러 있을 것인가, 외국으로 이주할 것인가? 대학의 파괴, 유태인에 대한 학대 속에서 아인슈타인을 비롯한 많은 물리학자가 독일을 떠나갔다. 그 가운데서 하이젠베르크는 독일이 패전할 때까지 독일에 남아 있었다.

1933년, 그의 대선배인 플랑크는 독일에 남을 것인지를 상의하러 온 하이젠베르크에게 다음과 같이 말했다.

「만일 당신이 사직하지 않고 여기에 머물러 있으면, 당신은 전혀 다른 과제를 갖게 되겠지요.

당신은 파국을 저지할 수 없을 뿐만 아니라, 오히려 살아남기 위해, 언제나 그들과 타협해 나가지 않으면 안 되겠지요. 그러나 그렇게 하면 당신은 다른 사람들과 함께 불변(不變)의 섬을 형성하는 시도를 할 수 있을 것입니다. 당신은 젊은 사람들을 주위에 모아서, 어떻게 하면 좋은 학문을 할 수 있느냐는 것을 그들에게 보여주고, 그것에 의해서 오랜 올바른 가치 기준을 의식 속에 보전하게 할 수도 있겠지요. 그와 같은 외딴 섬 몇 개가 과연 파국의 종말까지 살아남을 수 있을지는 물론 누구도 알 수 없습니다. 그러나 그런 정신을 지니고 무서운 시대를 꿰뚫어 갈 수 있었던 재능 있는 젊은 사람들이, 설사 작은 그룹이라 하더라도, 종국 후에 올 재건에는 커다란 의미를 지니는 것임을 나는 굳게 믿고 있습니다」

(자서전 『부분과 전체』에서)

이 대화가 있은 뒤 하이젠베르크는 독일에 남기로 결심한다. 그는 독일이 패전하기까지의 10여년을, 이 불변의 외딴섬을 유지하기 위해 참고 견뎠던 것이다.

6장

당연한 세계—특수상대론 입문

1. 원리는 단 두 가지뿐

우주로부터의 괴상한 혜성이야기

「임시 뉴스를 말씀드립니다. 비상사태가 발생했습니다」

넬레비전의 오락 프로를 보고 있는데 갑자기 프로가 중단되고 아나운서의 얼굴이 나타났다.

「명왕성에 설치되어 있는 천문대의 발표에 의하면, 현재 한 괴상한 혜성이 태양계로 접근해 오고 있으며, 그 궤도를 계산해 본즉 99% 이상의 확률로 지구와 충돌할 것으로 예측됩니다. 이 혜성의 크기는 달과 같은 정도로, 지구에 방대한 피해를 미칠 것이 확실하다고 합니다」

이 뉴스는 순식간에 온 세계를 휩쓸었고 지구에는 큰 소동이 벌어졌다. 얼마 후에 다음 번 뉴스가 보도되었다.

「괴혜성에 대한 새로운 정보가 들어왔습니다. 이 혜성은 속도가 엄청나게 크며 거의 광속과 같다는 것을 알았습니다. 계산에 의하면 이 천체가 지구에 충돌하기까지는 앞으로 6시간의 여유밖에 없습니다」

이 뉴스로 지구는 완전히 큰 혼란 상태에 빠져들었다. 하지만 어떻게 해야 한다는 것일까? 전혀 대처할 방법이 없지 않은가? 그러는 동안에 세 번째 뉴스가 들어왔다.

「물리학자의 분석에 의하면 이 천체는 보통 혜성과는 전혀 다른 물질로서 이루어져 있다는 것을 알았습니다. 이 혜성은 전체가 어떤 소립자로 이루어졌으며, 그 소립자는 0.000002초로 붕괴한다는 것입니다」

뭐라고? 그렇다면 아무것도 걱정할 것이 없잖은가. 소동을 벌였던 만큼 손해를 보았다고 사람들은 생각했다.

그런데 이 괴혜성은 6시간 후에 지구에 충돌하여 큰 피해를 가져왔던 것이다.

상대성이론에 의하면 이러한 픽션도 가능할지 모른다. 6장에서는 1905년에 제출된 특수 상대성이론을 다루기로 한다. 상대론은 어렵다는 이유로 비유로써 설명하는 경우도 있다. 그러나 그것으로는 결국 아무것도 이해할 수 없을 것이다. 그래서 여기서는 속임수 없이 해설하기로 한다. 상대론은 두뇌를 깨우면서도 재미있는 이론이다. 서두르지 말고 퍼즐을 생각하는 셈치고 이 훌륭한 이론을 고찰해 보기로 하자. 또 이 이론은 양자역학과는 독립된 이론으로 생각해 주기 바란다.

관성의 법칙은 어디서 옳은가?

상대론으로의 첫걸음은 뉴턴역학의 기초로 되어 있는 관성의 법칙을 다시 한 번 곰곰이 생각하는 데서부터 시작한다. 관성의 법칙이란 「외부로부터 힘이 작용하지 않으면, 물체는 그대로 등속 직선운동을 한다」는 것이었다. 그런데 이 법칙은 어디서 성립되는 것일까? 「아니, 전자가 커브를 돌거나 엘리베이터가 가속하거나 할 때는 성립하지 않는다」고 하는 대답이 나올지도 모른다. 그렇다. 관성의 법칙은 가속도가 있는 곳에서는 성립하지 않는다.

관성의 법칙이 성립하는 것을 관성계(慣性系)라고 부르는데,

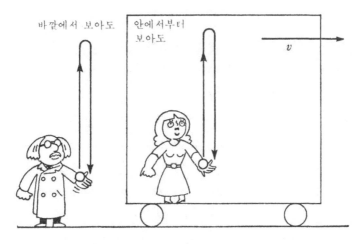

바깥에서 보아도 안에서부터 보아도

v

〈그림 6-1〉 갈릴레이의 상대성원리. 서로가 등속으로 움직이고 있는
관성계에서는 역학의 법칙은 같다

「어떤 계가 관성계라면 그것에 대해서 등속 직선운동을 하고 있
는 계는 모두 관성계이다」

는 것을 금방 알 수 있다. 지면에 대해서 등속 직선운동을 하
고 있는 전차 안에서도 관성의 법칙이 성립한다. 전차의 속도
는 시속 50km이든 100km이든 관계없다. 즉, 관성계는 무수히
있다.

또 전차 속에서는 관성의 법칙뿐 아니라 역학의 법칙은 모두
지상과 똑같이 성립한다. 이를테면 공을 똑바로 위로 던지면
그대로 똑바로 떨어져 내린다. 이와 같이 「모든 관성계에서 역
학의 법칙이 똑같이 성립한다」고 하는 것을 갈릴레이의 상대성
원리라고 한다.

이 원리는 지상에서 혹은 전차 속에서도, 서로 등속 직선운
동을 하고 있는 계라면 뉴턴역학이 모조리 성립한다는 것을 보

증하고 있다. 이 원리가 성립되지 않으면 우리는 관성계마다 따로따로 역학을 만들어야만 하는데 그럴 걱정은 없다.

그런데 지상은 정말 관성계일까? 엄밀하게 말하면 자전이나 공전이 있으므로 관성계라고는 할 수 없다. 그러나 우리가 낙하운동 등의 역학의 실험을 하는 데 걸리는 시간은 자전이나 공전에 비해 훨씬 짧은 시간이므로, 그 동안에 지구는 등속 직선운동을 하고 있다고 생각해도 무방하다. 즉, 지상은 근사적으로 관성계다.

절대정지계는 있는가?

그런데 무수히 있는 관성계는 모두 모든 점에서 같은 것일까? 지상의 관성계도 전자 속의 관성계도 모두 같은 것일까? 어쩌면 완전히 정지한 관성계가 하나만 있어서, 그것을 기준으로 다른 모든 관성계는 등속 직선운동을 하고 있는 것이 아닐까? 이와 같은 특별한 관성계를 절대정지계(絶對靜止係)라고 하는데, 그것은 정말로 있는 것일까? 또 어떤 실험을 하면 발견할 수 있을까?

「아니다, 절대정지계를 발견한다는 것은 결코 불가능할 것이다. 애초 관성계에서는 역학의 법칙은 모두 같으므로, 어떠한 역학실험을 한들 알 턱이 없다」

지당한 의견이다. 그러나 전혀 불가능한 것은 아니다. 역학의 실험에서는 불가능하다는 것을 안다. 그러나 다른 분야의 실험에서는 어떨까? 여기서 다시 빛이 등장한다.

빛의 속도가

$$c = 3.00 \times 10^8 \, \text{m/s}$$

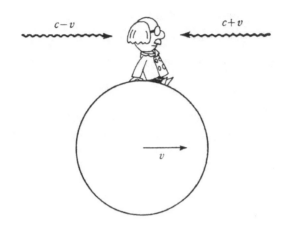

〈그림 6-2〉 마이컬슨-몰리 실험. 절대정지계에 대한
지구의 속도를 측정하는 시도

이라는 것은 잘 알고 있다. 그런데 이 빛의 속도는 어느 곳의
관성계에서 측정한 것일까?「물론 지상에서 측정한 속도가 뻔
하지 않은가」하고 대답하고 싶어진다. 그러나 지구는 이를테
면 태양에 대해서 움직이고 있는 관성계이다. 진짜 빛의 속도
는 지구와 같은 관성계가 아니라 절대정지계로서 측정해야 하
는 것이 아닐까. 그러나 절대정지계는 어디에 있는지 모르기
때문에, 그 계로서 광속을 측정하는 것은 불가능하다. 그런데
발상을 역전시키면 실은 재미있는 실험을 할 수 있다.

지구 위에서 〈그림 6-2〉와 같이 다른 방향으로부터 오는 2
개의 빛의 속도를 측정한다. 만일 지구가 절대정지계에 대해서
움직이고 있으면 빛의 속도는 오는 방향에 따라서 달라질 것이
다. 이와 같이 두 가지 광속을 측정하면 절대정지계에 대한 지
구의 속도가 발견될 가능성이 있다. 이 웅장한 구상의 실험은
마이컬슨(A. A. Michelson)과 몰리(E. W. Morley)에 의해서

이루어졌다. 이 실험으로 지구의 속도가 결정될 것이라고 많은 사람이 기대했다. 그런데 그 결과는 실로 뜻밖이었다. 어느 쪽에서부터 온 빛의 속도도 똑같아서 $c=3.00 \times 10^8 \text{m/s}$였다. 이 결과는 도대체 어떻게 생각하면 좋을까? 지구는 절대정지계 위에 정지해 있는 것일까? 중세의 천동설 시대라면 몰라도 현재로서는 도저히 이 생각은 받아들여지지 못할 것이다.

상대성원리는 당연한 것

마이컬슨-몰리의 실험결과는 물리학자를 괴롭혔다. 이와 같은 모순에 부딪혔을 경우에는 과감한 발상의 전환이 필요하다. 이 실험은 지구의 절대정지계에 대한 속도를 검출할 수 없다는 것을 가리키고 있다. 또 마이컬슨, 몰리 이외에도 여러 사람이 여러 가지 물리현상을 조사하여 지구의 속도를 조사하려 했으나 모조리 실패했다. 애당초 절대정지계를 생각한 것 자체가 틀린 것이 아니었을까? 존재가 확인되지 않는 것을 물리학의 기초로 삼을 수는 없다.

절대정지계를 버리면 이들 실험은 「어떠한 관성계로부터 보아도 물리현상은 모두 같다」고 주장하고 있는 것이 된다. 이것을 적극적으로 하나의 원리로서 채용한 것이 아인슈타인이다. 아인슈타인의 상대성원리는

역학의 법칙뿐만 아니라 모든 물리법칙은 어떠한 관성계로부터 보아도 같다.

고 표현할 수 있다.

갈릴레이의 상대성원리를 비교해 보자. 갈릴레이 쪽은 「역학

의 법칙은 어떠한 관성계로부터 보아도 같다」는 것이었다. 아인슈타인은 이것을 모든 물리법칙으로까지 확장한 것이 된다.

이리하여 절대정지계라고 하는 특별한 좌표계는 부정되고, 서로 등속도로 움직이고 있는 관성계는 모두 평등하고, 그것들은 전혀 구별되지 않게 되었다. 이 상대성원리는 어느 의미에서는 당연한 원리이다. 만일 달이나 화성이나 다른 항성에서는 물리법칙이 지구 위와는 다르게 되어 있다고 하면, 각각의 별에서 각기 다른 물리학을 사용하지 않으면 안 된다. 그럴 턱이 없다고 하는 것이 아인슈타인의 주장이다.

빛의 패러독스

아인슈타인은 어린 시절에 빛의 속도를 갖는 탈것을 타고 빛을 쫓아간다면 어떻게 보여질까 하는 문제를 줄곧 생각해 왔다. 상식으로 생각하면 빛이 정지하여 보일 것 같은데, 그럴 턱이 없다고 하는 것이 아인슈타인의 생각이었다. 여기서부터 상대론의 또 하나의 기초—광속도불변의 원리가 태어났다. 이 원리야말로 상대론을 이해하기 위한 열쇠가 되는 것이다.

먼저 〈그림 6-3〉과 같이 속도 v로 달려오는 자동차의 빛을 지상에 있는 사람이 보면 어떻게 되는지를 생각해 보자. 「당연히 $c + v$가 될 것」이라고 말하고 싶어진다. 달려가고 있는 자동차로부터 앞쪽 방향으로 돌을 던지면, 돌의 속도에는 자동차의 속도가 가해지기 때문이다. 그런데 실험에 의하면 빛의 경우 그렇게 되지 않는다. 빛의 속도는 이 경우도 $c=3.00 \times 10^8 m/s$로 된다. 즉, 빛의 속도는 보통의 입자의 속도 합성의 법칙에는 따르지 않고, 광원의 운동에는 관계가 없다. 참고삼아

〈그림 6-3〉 달려오는 자동차로부터의 빛의 속도도
c=3.00×10⁸m/s이다

덧붙여 두면 이것은 자동차가 느리기 때문이 아니다. 아무리
빠른 광원으로부터 나온 빛도 속도는 c로서 변화하지 않는 것
이다.

「그건 당연한 일이지, 빛은 파동이니까. 파동의 속도는 파원
의 속도에는 관계없이, 파동을 전파하는 물질에 의해서 일정하
게 되는 거다」하고 반론이 나올지 모른다. 과연 음파의 경우는
음속은 언제나 매초 약 340㎞이고 음원의 속도에는 관계가 없
다. 그렇다면 광속은 파동과 마찬가지로 생각하면 되는 것일까?

여기서 이번에는 움직이면서 빛을 보면 어떻게 되는지를 생
각해 보자. 〈그림 6-4〉의 경우이다. 마이컬슨-몰리의 실험을
상기하자. 그와 마찬가지로 이 경우도 관측되는 빛의 속도는
c=3.00×10⁸m/s이 된다. 음파라면 이렇게는 되지 않고 음속에
자전거의 속도를 더한 것이 된다. 광속은 음파와 같은 파동의
속도가 지니는 행동과도 다르다는 것을 이것으로서 알 수 있다.

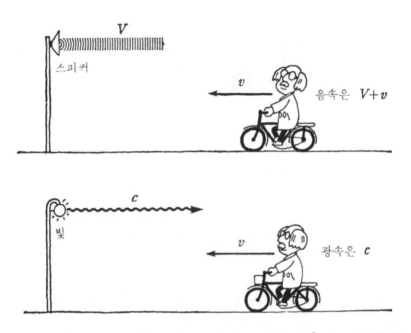

〈그림 6-4〉 달려가면서 빛을 보아도 그 속도는 c=3.00×10⁸m/s로 음파와 같
이는 되지 않는다

빛과 소리의 차이는 어디서 나오는 것일까? 핵심은 파동을
전하는 물질에 있느냐 없느냐고 하는 문제이다. 음파는 정지한
공기의 존재가 전제로 되어 있어 공기에 대해서 속도가 일정하
다. 그런데 빛의 경우에는 그와 같은 정지된 물질이 없다. 빛은
전자기장의 파동으로 전달하는 물질이 필요하지 않다.

광속은 항상 c

그렇다면 광원도 관측자도 양쪽이 다 움직이면 어떻게 될까?
이때도 광속은 역시 c로서 변화가 없다. 이리하여 광속도불변의
원리

〈그림 6-5〉 광속도불변의 원리

「빛의 속도는 광원이나 관측자의 속도에는 일체 관계하지 않고
항상 일정하다」

가 얻어진다.

이 원리야말로 "상대론을 이해하기 위한 핵심이다"라고 다시
한 번 강조해 둔다.

빛의 속도가 입자와도 파동과도 다른 합성 방법을 따른다고
하는 것은, 여태까지의 상식을 사용할 수 없다는 것을 가리키
고 있다. 〈그림 6-5〉의 정지해 있는 사람과 자전거를 탄 사람
은 자동차의 빛도, 가로등의 빛도 같은 속도라고 본다. 이것들
은 이상하다고 생각될지 모르나 의심해서는 안 되는 일이다.
왜냐하면 이것은 실험에 의한 사실이기 때문이다. 이 실험 사실
을 순순히 받아들이는 데서부터 상대론의 이해가 시작된다.

실험 사실이라고 하더라도 실제는 자전거나 자동차의 속도로
는 너무나 느리다. 그래서 우주로 눈을 돌려 보자. 2개의 항성
이 서로 잡아당기면서 돌고 있는 연성(連星)이라고 불리는 것이
우주에는 많이 있다. 이 연성으로부터의 빛의 속도를, 이를테면
〈그림 6-6〉과 같이 측정해 보면 어느 쪽으로부터의 빛의 속도

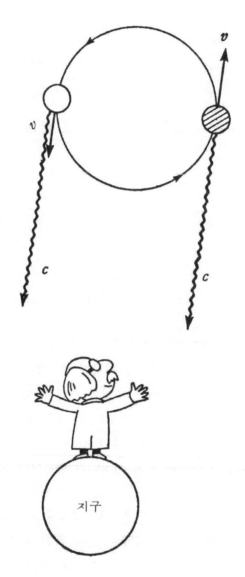

〈그림 6-6〉 드 시터의 실험. 연성으로부터 빛의 속도는 어느 쪽도 같다

도 c이다. 이것은 드 시터(W. Desitter)의 실험에 의해서 확인
되어 있다.

지상에서의 예를 들어보자. 광속에 가까운 속도의 π^0중간자
라고 하는 입자로부터 나오는 빛의 속도가 역시 c라고 하는
것이 알베거에 의해서 확인되었다.

또 광속도불변의 원리와 함께 광속은 이 세계에서 가장 빠
르고, 이 이상의 속도로 전파하는 것은 없다는 것도 재확인해
두자.

아인슈타인의 어린 시절의 의문에 대한 답도 이제는 명확하
다. 광속으로 진행하는 로켓이 있다고 하고, 그것을 타고 빛을
보아도 역시 c로 진행하는 것이 된다.

2. 시간의 이미지를 바꾸자

움직이는 시계의 지체

이것으로 상대론을 이해할 준비가 모두 끝났다. 아인슈타인
은 상대성원리와 광속도불변의 원리의 두 가지 원리 위에 상대
론을 수립했다. 이 두 가지 원리만을 사용하여 이것으로부터
구체적인 문제를 생각해 나가자.

또 앞으로 할 이야기에서는 친숙해지기 쉽게 전차 등의 탈것
을 사용하여 설명하겠는데, 이 경우에는 전차는 아주 빠르고
광속과 비교해서 충분히 맞설 수 있는 속도라는 가정 아래서

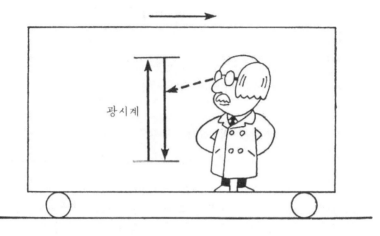

광시계

〈그림 6-7〉 (a) 전차 안의 사람이 광시계를 보아도 지상의 경우와
마찬가지로 진행한다

생각하기 바란다.

우선 시초로, 유명한 움직이고 있는 시계가 느려지는 현상을
생각해 보자. 지상의 시계와 움직이고 있는 전차 안의 시계를
비교해 본다. 지상에 있는 사람이 자신의 시계를 보는 경우 시
계가 진행하는 방법과, 움직이고 있는 전차 안의 사람이 자신
의 시계를 보는 경우 시계의 진행 방법은 똑같다. 이것은 당연
한 일이기는 하지만 먼저 단단히 확인해 두자(이것은 어느 관
성계에서도 물리법칙은 같다고 하는 상대성원리에 의한다).

그런데 지상에 있는 사람이 전차 안의 시계를 보고 자기 시
계와 비교하면, 전차 안의 시계가 느리게 진행하듯이 보인다.
이것이 움직이고 있는 시계의 지체이다.

어째서 이런 일이 일어날까? 이 현상은 간단히 설명할 수 있
다. 먼저 「시계란 무엇인가?」를 분명히 하자. 시계라고 하는 것

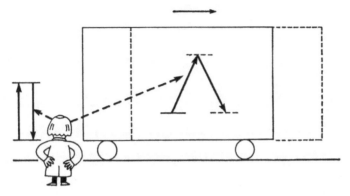

〈그림 6-7〉 (a) 지상에 있는 사람이 달려가고 있는 전차 안의
광시계를 보면 느릿하게 진행하듯이 보인다

은 전자시계이든 디지털시계이든 모두 어떠한 주기 운동을 이
용하고 있다. 그래서 원리적인 시계로서 광시계라는 것을 생각
해 보자. 그것은 위와 아래에 거울을 두고, 그 사이를 빛이 휙
휙 1왕복하는 시간을 기준 주기로 하는 시계이다.

그런데 이 광시계를 달려가고 있는 전차에 실어 전차 안의
사람이 이것을 관찰한다. 이 경우는 빛은 상하로 1회 왕복한
다. 이것은 지상에 있는 사람이 지상의 광시계를 보는 경우와 똑
같다.

그런데 지상에 있는 사람이 전차 안의 광시계를 보면 상태가
바뀐다. 지상에서 보고 있노라면, 아래서부터 빛이 출발하여 위
의 거울에 도착하기까지 사이에 전차가 조금 앞으로 나아가고
있으므로 빛은 약간 비스듬히 진행한다. 그러면 그 몫만큼 빛
이 진행해야 할 거리가 길어져서 시간이 더 걸린다(여기서 광
속도는 일정하다고 하는 광속도불변의 원리가 사용되고 있는
점에 주의하자). 빛이 위쪽 거울에서 반사하여 아래쪽 거울까지

진행하는 때도 똑같다. 이렇게 바깥에서 전차 안의 광시계를 보면, 1회 왕복을 하는 데는 지상에 있는 시계보다 긴 시간이 걸리고 지상의 것보다 느리게 진행하듯이 보인다. 이것이 달려가고 있는 시계의 지체이다.*

우리는 무의식중에 시계(시간)는 어디서나 똑같이 진행한다고 생각하고 있다. 뉴턴은 이것을 절대시간(絶對時間)이라고 명명했다. 그러나 절대시간은 실험으로 확인된 것은 아니다. 실험은 오히려 시간의 지체를 지지하고 있다. 예를 들어 μ중간자라고 하는 입자가 있고, 이 입자는 평균수명 2.2×10^{-6}초에서 붕괴한다. 이 짧은 시간으로는 설사 광속으로 달려가더라도 660m 밖에 진행하지 못한다. 그런데 μ중간자는 우주선에 의해서 지상 약 10km의 높이에서 만들어지는데도 지표에서 관측할 수 있다. 즉, μ중간자는 고속으로 지표로 내려오기 때문에 우리가 볼 때는 수명이 길어져 보이는 것이다. 이것은 μ중간자 자신의 시계가 우리에게는 바로 지체되어 보인다는 것이다.(최초에 나온 괴혜성의 이야기는 이 예를 픽션화한 것이다)

시간 지체의 공식

달려가고 있는 전차 안의 사건을 바깥의 시계로 재면, 안의

---

*「광시계가 지체된다는 것은 알았지만, 보통의 시계는 지체하는 것이 아니지 않느냐?」하고 의문을 가질 사람도 있을 것이다. 그러나 그렇지는 않고 모든 시계가 느려진다. 왜냐하면 광시계가 지체하고 보통 시계가 지체하지 않는다면, 그 진행방법의 차이에 의해서 전차의 속도를 측정할 수 있다. 그리고 진행방법에 차이가 나타나지 않는 관성계가 특별한 관성계라는 것으로 된다. 이것은 관성계가 모두 평등하다고 하는 상대성원리와 모순된다.

시계뿐 아니라 여러 가지 사건이 느릿하게 진행하듯이 보인다. 이를테면 전차가 흔들려서 선반 위의 짐이 떨어져 내려 좌석에 앉아 있는 사람에게 부딪혔다고 하자. 이 짐의 낙하시간을 전차 안과 밖에서 측정하면 다음의 공식이 성립한다.

$$t = \frac{t_0}{\sqrt{1 - \left(\dfrac{v}{c}\right)^2}}$$

여기서

t_0 :전차 안의 시계로 측정한 짐의 낙하시간

t :전차 밖의 시계로 측정한 짐의 낙하시간

이다. v는 전차의 속도이고 c는 광속이다. 이때

$$\sqrt{1 - \left(\frac{v}{c}\right)^2} < 1$$

이므로

$$t_0 < t$$

가 되고, 바깥에서 측정한 쪽이 짐은 긴 시간 공중을 낙하하고 있는 것이 된다. 이 공식은 시간의 지체공식이라고 불린다. 이 시간의 지체—즉 시간차는 전차의 속도 v가 광속 c와 비교하여 작은 동안은 눈에 띄지 않지만, v가 c에 접근함에 따라서 커진다($v \to c$로 자꾸 접근시켜 가면 분모는 0으로 되므로, $t \to \infty$로 되고, 광속으로 달려가고 있는 전차 안의 사건은 정지해 보이게 된다).

〈그림 6-8〉 바깥에서 보면, 달려가고 있는 전차 안의 사건을
느릿하게 보인다

그런데 짐의 낙하가 느릿해지는 것이라면 앉아 있는 사람은
짐을 피할 수 없을까? 실은 그것이 안 된다. 허둥대며 짐을 피
하려 하는 사람의 움직임을 바깥의 시계로서 측정하면 이것도
느릿하게 되어 버린다. 바깥 시계로 측정하면 안에서의 현상은
모조리 느릿해진다―이것이 상대론이 주장하는 시간의 지체이다.

피타고라스의 정리를 사용하자

그러면 흥미가 있는 독자를 위해서 시간 지체의 공식을 계
산으로 이끌어 보자. 수학은 중학교에서 배운 피타고라스
(Pythagoras)의 정리만으로 충분하다.

앞에서 말한 광시계와 같은 장치로 생각해 보자. 이 장치를
속도 v로 달려가고 있는 전차에 태워서, 전차의 바깥에서부터
본 상태를 자세히 그린 것이 〈그림 6-9〉이다. 거울의 간격을 l

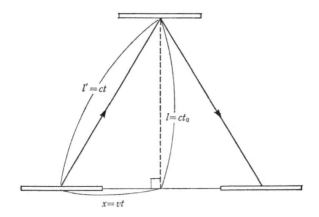

〈그림 6-9〉 달려가고 있는 전차 안을 지상에서부터 본 그림

이라고 한다. 아래쪽 거울로부터 출발한 빛이 위쪽 거울에 도
착하기까지를 생각해 보자.

전차 안의 사람에게는 빛은 위로 똑바로 진행하기 때문에,
전차 안의 시계로 측정하여 경과하는 시간을 t_0으로 하면

$$l = ct_0$$

가 된다.

한편 전차 바깥에 있는 사람에게는 아래쪽 거울로부터 위쪽
거울까지의 비스듬한 거리를 l'로 하여,

$$l' = ct$$

가 된다. t는 전차 바깥의 시계로 측정하여 이 동안에 경과하
는 시간이다.

또 이 동안에 전차가 진행하는 거리를 x라고 하면

$$x = vt$$

가 된다.

여기서 피타고라스의 정리를 사용한다.

$$l'^2 = l^2 + \chi^2$$

이므로

$$(ct)^2 = (ct_0)^2 + (vt)^2$$

c^2를 양변을 나누어

$$t^2 = t_0^{\,2} + \left(\frac{v}{c}\right)^2 t^2$$

$$\therefore t_0^{\,2} = t^2 - \left(\frac{v}{c}\right)^2 t^2$$

$$= \left[1 - \left(\frac{v}{c}\right)^2\right] t^2$$

마지막으로 양 변의 근을 제거하면

$$t_0 = \sqrt{1 - \left(\frac{v}{c}\right)^2}\, t$$

가 된다. 이것은 또

$$t = \frac{t_0}{\sqrt{1 - \left(\frac{v}{c}\right)^2}}$$

로 적을 수 있다. 이것으로 시간 지체의 식이 잘 이끌어졌다.

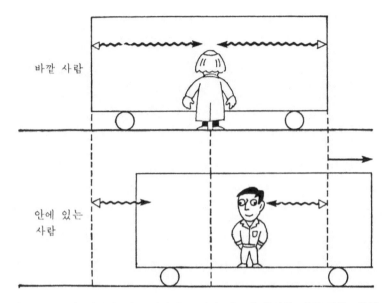

〈그림 6-10〉 바깥에 있는 사람이 보아서 램프가 동시에 켜진 경우. 안에
있는 사람은 앞쪽 램프로부터의 빛을 먼저 받는다

보는 사람에 따라서 같은 시간도 달라진다

상대론에서는 두 가지 사건이 관측자의 입장에 따라서 같은
시간(동시)이거나, 동시가 아니거나 하는 일도 일어난다. 얼핏
보기에 불가사의한 이 현상도, 빛의 속도가 유한하고 어느 관
성계로부터 보아도 같다고 하는 광속도불변의 원리에 의해서
명쾌하게 설명할 수 있다.

지금 한 대의 전차가 선로 위를 달려가고 있다. 전차의 앞부
분과 뒷부분에 플래시램프를 설치해 둔다. 2개의 램프의 빛을
전차 바깥의 사람과 안에 있는 사람이 관측하면 어떤 차이가
생길까? 전차 바깥의 사람이 서 있는 곳을 전차의 중앙이 통과
하는 순간에, 바깥사람이 봤을 때 동시에 앞과 뒤의 램프가 번

쩍 빛났다고 하자. 즉, 〈그림 6-10〉에서 위와 같이 바깥사람에게는 램프가 빛나는 것이 동시라고 하자(이것이 중요하다!).

이 동시에 일어나는 사건을 전차의 중앙에 타고 있는 사람은 어떻게 관측할까? 안에 있는 사람의 상태를 지상으로부터 그린 것이 〈그림 6-10〉의 아래 그림이다. 바깥에서 보고 있으면, 안에 있는 사람은 앞의 램프로부터의 빛을 조금 앞쪽으로 나아가서 받는다. 반대로 뒤 램프로부터의 빛은 앞쪽으로 도망가면서 받는다. 그림과 같이 램프로부터의 빛의 속도는 어느 쪽도 같으므로(광속도불변의 원리!), 안에 있는 사람은 앞쪽 램프로부터의 빛을 조금 빨리 받는다. 즉, 안에 있는 사람에게는 앞쪽 램프가 먼저 빛나고 뒤쪽 램프가 조금 후에 빛난 것으로 된다. 따라서 2개의 램프가 빛나는 것은 동시가 아니다.

우리가 일상에서 이 현상을 깨닫지 못하는 것은 빛의 속도가 너무 빠르기 때문이다. 빛이 느릿하게 진행한다고 생각하면 이 현상은 순순히 인정될 것이라고 생각한다.

반대로 전차 안에 있는 사람이 보아서 동시에 앞과 뒤의 램프가 빛났을 경우, 차 밖에 있는 사람은 어떻게 볼까?

이번에도 또 지상으로부터 그린 그림으로 생각해 보자. 〈그림 6-11〉은 안에 있는 사람이 앞뒤의 램프로부터 오는 빛을 동시에 받은 순간이다. 전차 바깥의 사람이 보면 빛이 도달하기까지, 안에 있는 사람은 조금 앞으로 이동하고 있다. 분명히 뒤 램프로부터 오는 빛이 앞 램프로부터 오는 빛보다 긴 거리를 진행하고 있듯이 보인다. 이 2개의 빛이 동시에 안에 있는 사람에게로 도달하고 있으므로, 차 바깥에 있는 사람에게는 뒤 램프가 먼저 빛나고, 앞 램프가 나중에 빛난 것이 된다.

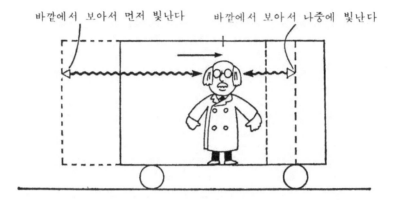

바깥에서 보아서 먼저 빛난다　　바깥에서 보아서 나중에 빛난다

〈그림 6-11〉 차 안의 사람이 빛을 잡은 순간을 차 바깥에서 보면 뒤쪽으로
　　　　　　부터 빛이 긴 거리를 진행하고 있으므로, 뒤쪽 램프가 먼저
　　　　　　빛난 것으로 된다

　이렇게 하여 차 안의 사람이 보아 동시에 일어난 사건은 차
바깥에 있는 사람에게는 동시가 아닌 것이 된다는 것을 알 수
있다.

세이프가 아웃이 된다?

　땅볼을 친 타자가 전력 질주로 1루에 뛰어들었다. 쇼트
로부터의 송구가 1루수의 미트로 빨려 들어간다. 「세이
프!」하고 1루심의 판정이 관중의 박수를 자아낸다. 그런데
야구장 상공을 초고속으로 통과 중인 로켓에서 내려다보
면, 이 판정은 오심이고 아웃으로 보인다?

　동시각의 상대성이라고는 하지만 이런 일이 일어나는
것은 아니다. 공이 미트에 들어가는 것도 주자나 베이스를 밟는 것도 같은 1루 베이스 위에서의 사건이다. 동시 각의 판정이 관성계에 의해서 달라지는 것은 떨어져 있는 장소에서 일어난 현상 사이에서 뿐이다. 램프가 전차의 앞과 뒤에서 빛났다고 하는 현상은 떨어진 곳에서 일어나고 있다.

또 하나, 타자가 때린 플라이를 야수가 잡았다. 이것을 다른 관성계로부터 보면 야수가 공을 잡고 그 뒤에 타자가 플라이를 때린다? 이런 일이 일어나는 것도 아니다. 원인과 결과가 반대가 되는 일은 상대론의 세계에서도 물론 일어나지 않는다.

시각의 동시성이 허물어지고, 사건의 전후관계가 관측하는 관성계에 따라서 바뀌는 것은 떨어져 있는 장소에서 일어나는, 서로 영향을 미칠 수 없는 두 가지 사건 사이에서만의 일이다. 영향을 미칠 수 없다는 것은 광속 이상으로는 정보가 결코 전해지지 않는다는 것과 관계있다. 사건의 전후관계가 역전하는 것은 광속으로 이루어지더라도 서로에 영향을 미칠 수 없는, 말하자면 절대적으로 떨어져 있는 두 가지 사건 사이에서 뿐이다.

3. 물체의 길이는 동시에 측정하자

아인슈타인이라는 사람

그러면 여기서 잠깐 아인슈타인을 소개해 두자. 아인슈타인에게는 여러 가지 에피소드가 있다.

아인슈타인은 독일 태생의 유태인이다. 그는 어렸을 적에 하도 말이 없어서 의사로부터 지능지진아라는 진단이 내려진 일도 있었다고 한다. 소년시절은 독일의 규율이 엄격한 학교생활에는 도무지 정이 들지 않았던 모양으로 학교를 퇴학한 적도 있다.

대학의 입학시험에서도 수학이나 물리학은 아주 좋은 성적이었으나 암기과목에는 말도 아니었기 때문에 실패를 했다. 결국 그는 스위스의 어느 학교로 들어갔는데, 거기는 독일과는 달리 자유롭고 자립심을 존중하는 교육을 하고 있었다. 이 학교에서 그는 비로소 마음껏 공부를 할 수 있었고, 자기의 능력에 자신을 갖게 되었다.

그는 1차 세계대전 때 독일을 옹호하는 과학자들의 성명문에 서명하기를 거부했었다. 그가 가장 싫어하는 말은 「조국」이라는 말이었다. 신성한 조국이라는 따위의 사고방식이 있기 때문에 전쟁이 일어나는 것이라고 그는 생각했다. 이리하여 그는 전쟁에는 계속하여 반대했으나, 2차 대전에서는 하나의 후회를 남기는 행동을 취하고 말았다. 그것에 대해서는 나중에 언급하기로 하고 본제로 돌아가기로 하자.

〈그림 6-12〉 아인슈타인의 어린 시절

물체의 길이는 어떻게 측정하는가?

달려가고 있는 물체의 길이가 수축한다고 하는 이야기도 상대성원리의 불가사의한 화제로 흔히 다루어진다. 둥근 원자가 일그러져서 타원이 되어 물체가 수축하는 것일까?

우선 맨 먼저 「물체의 길이란 무엇인가?」라는 문제를 생각해 보자. 「그것은 뻔한 일이잖아. 자를 대어 양쪽 눈금을 읽으면 된다」고 말할 것이다. 확실히 그렇다. 그러면 움직이고 있는 물체의 길이를 측정하는 것은 어떨까? 「그때도 자로 재는 것은 마찬가지이지만, 양쪽 눈금을 동시에 보지 않으면 안 되겠지」

그렇다. 그럼 해 보기로 하자.

로렌츠 수축

동시각의 차이를 말한 데서 나왔던 전차의 예로 생각해 보자. 전차의 앞과 뒤의 램프가 지상에 있는 사람이 보아 동시에 빛났을 경우를 먼저 생각한다. 이 경우를 케이스 I이라고 하자. 2개의 램프가 빛난 순간에(즉 동시에) 전차의 맨 앞부분과 맨 뒷부분의 지면에 바깥에 있는 사람이 표시를 해 두고 나중에 자로 재면, 그 간격이 달려가고 있는 전차의 길이가 된다.

이 케이스 I과는 따로, 전차 안에 있는 사람이 봤을 때 동시에 앞과 뒤의 램프가 빛났을 경우(이것을 케이스 II라고 하자), 안에 있는 사람이 전차의 앞과 뒤의 위치의 지면에 표시한다. 안에 있는 사람에게는 전차가 정지해 있기 때문에 이것이 전차의 길이가 된다.

이 케이스 II를 바깥에 있는 사람이 보면 뒤쪽 램프가 먼저 빛나고, 조금 후에 앞 램프가 빛나는 것이 된다. 이것은 동시각의 차이를 설명한 내용에서 이미 확인했다. 따라서 안에 있는 사람이 표시를 하는 상태를 바깥에서 보고 있으면, 안에 있는 사람은 먼저 뒤쪽 램프가 켜졌을 때에 뒤쪽의 표시를 하고, 조금 후에 앞쪽 램프가 켜졌을 때에 앞쪽 표시를 하고 있는 것이 된다. 그 동안에 전차는 조금 전진해 있으므로, 안에 있는 사람이 측정한 길이는 당연한 일로 바깥에 있는 사람이 측정한 것보다 길어져 버린다.

다시 한 번 확인하지만, 안에 있는 사람이 측정한 것이 정지한 전차의 길이이고, 바깥에 있는 사람이 잰 것이 달려가고 있는 전차의 길이이다. 따라서 달려가고 있는 전자의 길이가 짧아져 있다는 것을 안다. 이것이 달려가고 있는 물체의 수축, 즉

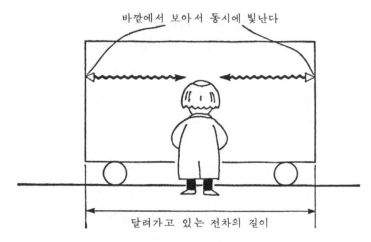

〈그림 6-13〉 ⒜ 바깥사람이 램프가 동시에 빛났을 때에 전차의 위치를 측정하면, 달려가고 있는 전차의 길이가 얻어진다(케이스 I)

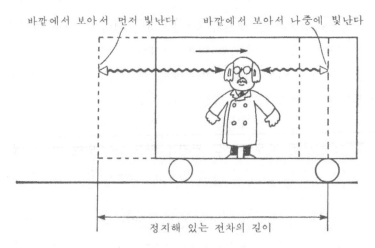

〈그림 6-13〉 ⒝ 안에 있는 사람이 램프가 동시에 빛났을 때 전차의 앞뒤 위치의 지면에 표시를 하면, 정지해 있는 전차의 길이가 얻어진다(케이스 II)

로렌츠(H. A. Lorentz) 수축이다.

「과연. 하지만 길이를 재는 시각이 안과 밖에서 다른 듯하니 왠지 엉터리 같군」하고 말하는 소리가 들려 올 것 같다. 그러나 그렇지 않다. 최초에 확인했듯이 길이라고 하는 것은 동시에 양끝의 위치를 측정하지 않으면 의미가 없다. 지금의 경우 안에 있는 사람도 바깥에 있는 사람도 확실히 동시에 측정하고 있다. 그런데 안에 있는 사람과 바깥에 있는 사람에서는 동시각이 다르게 되어 있기 때문에 길이에 차이가 생기는 것은 당연한 일이다.

로렌츠 수축은 원자나 분자가 변형하여 물체가 수축하는 것은 아니다. 전차 안에서나 바깥에서도 무엇 하나 바뀐 현상이 일어나는 것은 아니다. 지상에 있는 사람이 보면, 전차 안의 물체는 달려가고 있으므로 수축되어 보인다. 반대로 안에 있는 사람에 서 보면 바깥의 물체 쪽이 달려가고 있기 때문에 수축되어 보인다. 즉, 피차일반이라고 하게 된다.

수축의 공식

이 로렌츠 수축의 공식은,

$$l = \sqrt{1 - \left(\frac{v}{c}\right)^2}\, l_0$$

l : 바깥에서 본 달려가고 있는 전자의 길이

l_0 : 차 안에서 본 전자의 길이(즉 정지해 있는 길이)

이다. v는 전자의 속도, c는 광속, 이것은 전과 같다.

이 경우도

$$\sqrt{1-\left(\frac{v}{c}\right)^2} < 1$$

이므로, 분명히

$$l < l_0$$

가 되어, 움직이고 있는 쪽이 짧아진다.(v가 커져서 $v \to c$로 광속에 접근하면 l은 자꾸 작아지고, $v = c$로 되면 길이는 완전히 제로로 보이는 것이 된다)

그러면 흥미 있어 할 사람을 위해 로렌츠 수축의 공식을 이끌어 보자.

지금 전차가 속도 v로 오른쪽으로 향해서 달려가고 있다고 하자. 이 전차의 길이를 빛을 사용하여 측정해보자. 전차의 끝에 플래시램프를 두고 앞에 거울을 둔다. 램프로부터의 빛이 거울에 반사하여 되돌아오기까지의 시간을 측정하면 전차의 길이가 얻어질 것이다.

전차 안과 바깥에는 각각 사람이 있다. 전차의 끝이 마침 바깥사람의 앞을 통과할 순간에 램프가 켜지게 한다. 먼저 안에 있는 사람이 빛의 왕복시간을 측정한다. 안에 있는 사람이 본 전자의 길이(정지한 길이)를 t_0이라고 한다. 전차 안의 시계로 측정한 빛의 왕복시간 t_0은 광속이 c이므로

$$t_0 = \frac{2l_2}{c} \quad\cdots\cdots\cdots\cdots\cdots\cdots\cdots ①$$

이다. 다음, 바깥사람이 같은 현상을 관측한다. 전차의 속도는 v이므로 빛은 $c - v$씩 전자를 추월해 간다. 즉, 빛과 전차의 맨

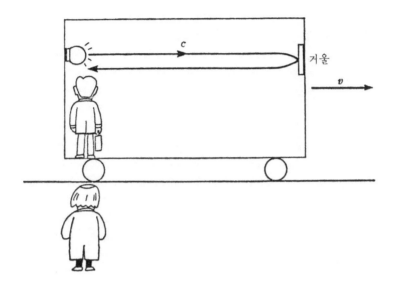

〈그림 6-14〉 빛의 왕복으로 전차의 길이를 측정한다

앞의 거리가 매초 $c-v$씩 수축되어 가기 때문에, 빛이 전차의 맨 앞에 도착하기까지의 시간은

$$\frac{l}{c-v}$$

이다. l은 바깥에서 본 달려가고 있는 전차의 길이이다. 빛이 거울에 반사하여 되돌아오기까지의 시간은 마찬가지로

$$\frac{l}{c+v}$$

이 된다. 이렇게 하여 바깥 시계로 측정한 빛의 왕복시간 t는

$$t = \frac{l}{c-v} + \frac{l}{c+v} = \frac{2cl}{c^2-v^2} \cdots\cdots\cdots\cdots\cdots ②$$

가 된다.

여기서 움직이고 있는 시간 지체의 공식

$$t = \frac{t_0}{\sqrt{1 - \left(\dfrac{v}{c}\right)^2}} = \frac{t_0}{\sqrt{\dfrac{c^2 - v^2}{c^2}}}$$

를 사용하자. ①과 ②를 이 식에 대입하면

$$\frac{2cl}{c^2 - v^2} = \frac{2l_0}{\dfrac{c}{\sqrt{\dfrac{c^2 - v^2}{c^2}}}}$$

$\dfrac{c^2 - v^2}{c}$를 양변에 곱하여

$$2l = \frac{c^2 - v^2}{c^2} \frac{1}{\sqrt{\dfrac{c^2 - v^2}{c^2}}} 2l_0$$

즉,

$$l = \sqrt{\frac{c^2 - v^2}{c^2}} \, l_0$$

이리하여

$$l = \sqrt{1 - \left(\frac{v}{c}\right)^2} \, l_0$$

가 얻어진다.

4. 질량과 에너지는 같은 것

광속을 초월하지 못하는 것은 어째서인가?

로켓을 아무리 가속해도 빛의 속도를 초월할 수 없다고 하는 이야기를 자주 듣는다. SF소설에서는 그래서 워프항법이라는 방법이 흔히 사용된다. 물론 이것은 소설 세계에서의 이야기이다.

상식으로는 로켓을 어디까지나 계속 가속하면, 언젠가는 광속을 초과해도 되지 않겠느냐고 생각한다. 왜 초월할 수 없을까? 이것은 연료가 없어진다거나 하는 기술상의 문제가 아니라 원리적인 문제이다.

뉴턴의 운동의 법칙을 상기하자. 이 법칙에 의하면 물체에 계속 힘을 가하면, 물체는 가속되어 자꾸만 빨라지고 언젠가는 광속을 초월하게 될 것이다. 그런데 실제는 어떤 물체도 광속을 초월할 수는 없다. 현재는 거대한 입자 가속기를 사용하여, 전자나 양성자를 가속시켜 충돌시키는 실험이 행해지고 있다. 이때 입자가 광속에 접근함에 따라서, 가속하는 데 필요한 힘이 자꾸 증가하여, 아무리해도 광속까지는 도달하지 못한다. 이것은 뉴턴 역학을 수정하지 않으면 안 된다는 것을 의미하고 있다. 어떻게 수정하면 될까? 가속에 필요한 힘이 증가한다는 것은 물체가 빨라짐에 따라서 물체의 질량이 증가한다고 생각하는 것이 가장 자연스럽다.

자연스럽다고는 해도 질량이 변화한다는 것은 상당히 생각하기 어려운 일이다. 「물질을 섞거나 반응시키거나 해도 물질의 질량은 변화하지 않는다」고 하는 질량보존의 법칙은 화학이나 물리학에서는 가장 기초적인 법칙이 아니었던가? 그러나 질량의 보존은 물체의 속도가 광속에 비교하여 작을 때밖에 성립하지 않는다는 것을 현재는 알고 있다. 광속에 접근하면 물체의 질량은 증가한다.

광속에서는 질량도 무한대

속도가 작은 동안은 이 질량의 증가도 극히 작아서 실제는 생각할 필요가 없다. 로켓 정도의 속도에서도 문제가 되지 않을 만큼 작다. 그러나 광속에 접근하면 이야기가 달라진다.

이 질량증가를 나타내는 식은,

속도 v의 물체의 질량을 m이라 하면

$$m = \frac{m_0}{\sqrt{1 - \left(\dfrac{v}{c}\right)^2}}$$

다만 m_0 : 정지질량이 된다.

이번에도

$$\sqrt{1 - \left(\frac{v}{c}\right)^2} < 1$$

이므로

$$m > m_0$$

가 되고, 움직이고 있는 물체의 질량은 증가하고 있다.

또 $v \rightarrow c$로 접근시키면 분모가 자꾸 작아져서 질량 $m \rightarrow \infty$(무한대)로 된다. 질량이 무한대라면 아무리 힘을 가해도 그 이상은 빨라지지 않는 셈이다.

질량은 에너지로 바뀐다

「아인슈타인은 원자폭탄이나 수소폭탄과 어떤 관계가 있는 것이 아닌가?」 하는 의문을 가질 독자도 있을지 모른다. 이 문제는 두 가지로 나누어 생각할 필요가 있다. 하나는 물리학의 원리적인 문제로서, 또 하나는 과학과 사회, 국가, 전쟁의 문제로서 생각할 필요가 있다.

우선 원리상의 문제를 생각해 보자. 물체의 속도가 증가하면 질량이 증가한다는 것은 이미 말했다. 한편 생각해 보면, 속도가 증가한다는 것은 물체의 운동에너지가 증가하는 것을 뜻한다. 즉, 물체가 빨라지면 질량과 에너지가 동시에 증가하고 있다는 것이 된다. 아인슈타인은 이것을 크게 확장 해석하여 질량과 에너지는 실은 같은 것이며, 질량이 에너지로 바뀌거나 에너지가 질량으로 바뀌거나 할 수 있다고 주장했다. 이 원리를 질량과 에너지의 등가성(等價性)이라고 한다. 이것을 식으로 나타낸 것이 다음의 유명한 공식이다.

$$mc^2 = E$$

E: 에너지 (속도에 따라서 변화)

m: 질량 (속도에 따라서 변화)

c: 광속 (일정)

말로서 표현하면, 이 식은

「물체는 그 질량에 광속의 제곱을 곱한 만큼의 에너지를 갖는다」

는 것을 주장하고 있다. 이 식은 여태까지의 상식을 깨뜨리는 중대한 내용을 포함하고 있다. 그 의미를 정리해 보자.

① 먼저, 물체가 빨라지면 에너지 E가 커지고 동시에 질량 m이 증가한다(이것은 이미 설명했다).

② 다음에는 물체는 정지해 있는 상태에서도 물론 질량을 갖고 있으므로 동시에 에너지도 지니고 있는 것이 된다(이것을 정지에너지라고 한다).

③ 또 질량과 에너지는 같은 것이므로, 그것들은 서로 상대로 변화할 수 있다.

이 질량과 에너지의 전환은 실제로 일어난다. 아인슈타인은 순수하게 이론적으로 질량과 에너지의 상호 전환을 예언했다. 그런데 그 후 잇달아 이 예언의 정당성이 실험적으로 확인되었던 것이다.

이를테면 전하가 플러스인 양전자라고 하는 입자가 있는데, 이것과 보통의(전하가 마이너스인) 전자가 충돌하면 순식간에 양쪽이 다 소멸하여 빛의 에너지로 되어 버린다.

$$양전자 + 전자 \rightarrow 광에너지$$

이때 방출되는 에너지는 $mc^2 = E$의 식을 정확하게 따른다.

또 원자폭탄이나 원자로에서는 우라늄의 원자핵이 분열할 때 질량이 감소하여 그것이 에너지로 변환되고 있다.

수소폭탄이나 항성의 내부에서는 원자핵이 융합할 때 질량이 감소하여 마찬가지로 에너지가 발생한다.

이것과는 반대로 에너지로부터 입자를 만들 수도 있다. 우주 탄생의 빅뱅 당시, 빛의 에너지로부터 물질의 입자가 만들어진

것으로 보인다. 현재에는 실험실에서 고에너지의 빛(γ선)으로부터 입자를 만들 수가 있다.

이리하여 질량과 에너지의 상호 전환은 의심할 여지가 없는 사실이 되었다. 그렇다면 여태까지의 질량의 보존법칙도, 에너지의 보존법칙도 성립하지 않는 것으로 되어 결국 양쪽이 다 틀렸다는 것일까? 물론 그렇지는 않다. 오히려 질량을 에너지의 한 형태라고 생각하면 에너지 보존법칙이 확장되고, 질량보존법칙도 그 특별한 경우로써 흡수되었다고 생각할 수 있다. 이 확장된 에너지 보존법칙은 현재에 이르기까지 모든 실험에 의한 검증에도 견뎌내고 있으며, 물리학의 가장 기본적인 법칙으로서의 지위를 확보하고 있다.

아인슈타인과 원자폭탄

아인슈타인은 질량과 에너지의 등가성의 발견에 의해서 핵에너지(원자·수소폭탄도 포함)의 해방에 관한 가능성을 제시했다. 그러나 이것은 어디까지나 원리적인 문제이며 그 자신이 원자·수소폭탄의 개발에 직접 관여한 것은 아니다.

다만 그는 나치로부터 도망쳐 미국에서 생활하고 있을 때, 나치 독일이 원자폭탄을 개발할 가능성에 대한 주의를 환기 시키는 대통령 앞으로의 편지에 서명하고 있다. 이 편지는 미국의 원자폭탄 개발계획의 한 계기가 되었다. 그가 전쟁을 싫어하고 있었다는 것은 앞에서도 언급했지만, 그에게 있어서는 나치가 먼저 원자폭탄을 개발하여 세계를 정복하는 것만은 용서할 수 없는 일이었다.

전후에 그는 이 편지에 서명한 일을 후회하고 평화운동에 힘을 쏟았다. 그러나 「……가 먼저 개발하면 곤란하기 때문에 우리도 하자」고 하는 병기개발의 논리로부터, 현재도 과학자는 자유롭지 않다. 이 문제는 보다 심각성을 더해가고 있다고 말할 수 있다.

끝으로

상대론은 두 가지 원리 위에 성립되어 있다. 하나가 상대성 원리이고 또 하나는 광속도불변의 원리였다. 상대론을 이해하는 핵심은 광속도불변의 원리에 있다는 것도 앞에서 확인했다. 평소에 우리는 광속은 무한하다고 무의식적으로 생각하고 있지만, 이 이미지는 버려야 할 필요가 있다. 광속이 유한하고, 어디서부터 보아도 일정하다는 것만 인정하면, 그 뒤의 이야기는 납득하기 쉬운 것이 아닐까?

「상대론의 이야기인데도 왜 블랙홀이나 우주의 구조가 화제로 등장하지 않느냐?」 하고 생각할 독자가 있을지 모른다. 실은 여태까지의 내용은 아인슈타인이 1905년에 제출한 특수상대성이론의 이야기다. 한편 블랙홀이나 우주구조의 이야기는 같은 아인슈타인이 1915년에 제출한 일반 상대성이론(중력장의 이론)에 관한 화제이다. 이 이론은 매우 아름다운 이론으로 유명한데, 여기서는 언급할 여유가 없으므로 생략하기로 한다.

물리학의 ABC
광학에서부터 특수상대론까지

1 쇄 1988년 04월 30일
중쇄 2020년 11월 24일

지은이 후쿠시마 하지메
옮긴이 손영수
펴낸이 손영일
펴낸곳 전파과학사
주소 서울시 서대문구 증가로 18, 204호
등록 1956. 7. 23. 등록 제10-89호
전화 (02)333-8877(8855)
FAX (02)334-8092
홈페이지 www.s-wave.co.kr
E-mail chonpa2@hanmail.net
공식블로그 http://blog.naver.com/siencia

ISBN 978-89-7044-791-9 (03420)
파본은 구입처에서 교환해 드립니다.
정가는 커버에 표시되어 있습니다.

도서목록

현대과학신서

도서목록
BLUE BACKS